前言

經常有人說，我這個「微型廚房」根本只是個「調理台」。

以一間位於商業區住辦大樓裡的小酒館來說，「茜夜」的廚房可是麻雀雖小，五臟俱全。

「到底是怎麼辦到的？」客人們經常興致勃勃想一探究竟。

在這只能容納八人的空間，竟然還能配合時令推出約十種下酒菜及飲料。雖然看起來都是簡單的餐飲，但要是點單同時湧進可是會應接不暇。為了不讓客人久候，必須要動作快又不能亂了手腳。

僅僅一．五坪的廚房加單口瓦斯爐，一直以來大家便看著我在這麼小的空間裡做菜。

即使和讀者每天為家人準備三餐的廚房用起來不太相同，但或許也能在本書中獲得有用的靈感。

希望能因此讓各位在每天下廚時感到更舒適愉快。

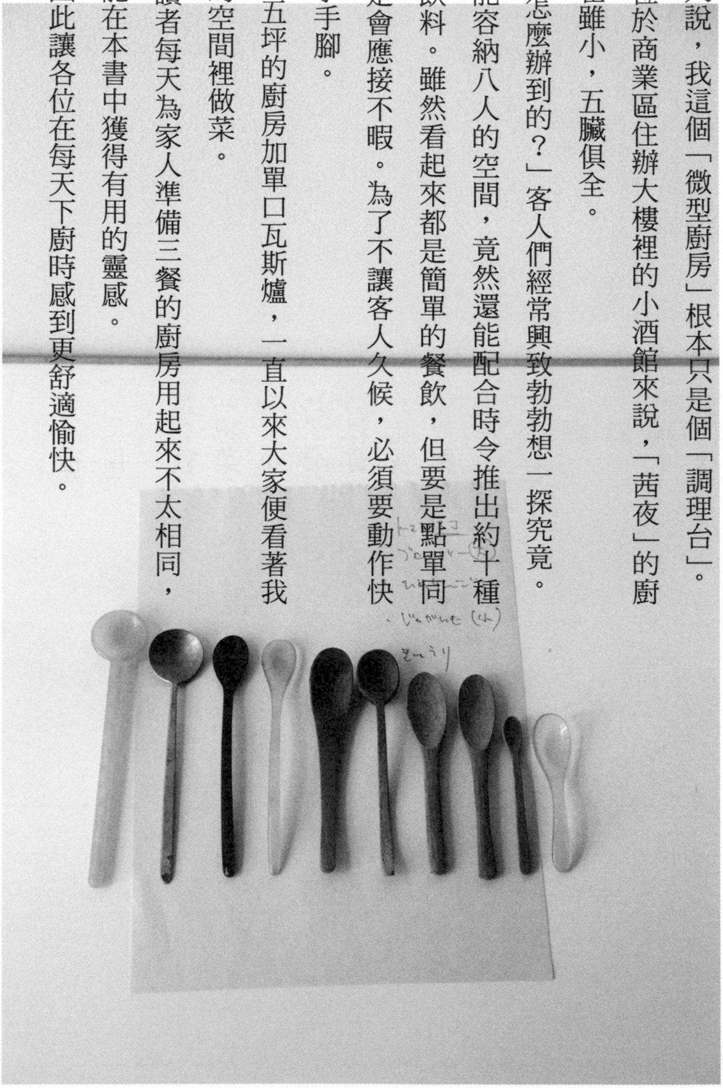

微型廚房的理想生活

目次

第四章 在微型廚房裡做的小菜

小專欄

※ 本書中標記的尺寸為概略，且不包含把手部分。

第一章

微型廚房裡的小工具

小巧廚房用具的優點

剛開始一個人住，或是在新婚小家庭的廚房裡，最初會先備齊的用具，有平底鍋、單柄鍋、湯杓、調理筷……等等，這些一直以來被視為「方便好用」的，通常都是通用性最高的「中型」尺寸。當然，如果家裡經常招待客人，或是對做菜特別有興趣的人來說，都是常用的工具。

然而，家庭成員的數量與生活形態逐漸改變，現在愈來愈多是獨居女性、雙薪夫妻，或孩子長大離家的空巢家庭，已經不像以前需要用到這麼大的湯鍋和平底鍋了。

那種號稱手工錘打的雪平鍋，或是特別長的調理筷，每次都讓我覺得有點誇張。我喜歡招待朋友，但真要講到做菜，其實沒那麼擅長。大尺寸鍋具拿進拿出很麻煩，用起來又笨重，一想到水槽裡堆滿了料理用具就覺得好煩，漸漸地甚至連想到進廚房就好鬱悶，腳步沉重，搞得我有一段時間根本連廚房都不想踏進去。

後來，我發現了小巧的廚房用具。尺寸輕巧，拿在手上剛剛好，使用起來相當方便。不知不覺，平常用的各項廚房用具都換成了適合自己的尺寸。因為能輕鬆下廚，做菜又成了一大樂事。

我認為，廚房用具的尺寸確實有它代表的意義。炒飯要炒得粒粒分明，就要用寬口的平底鍋；要做出入味的燉菜，少不了厚湯鍋。

不過，如果老是拘泥這些原則，把做菜當作一件苦差事就太可惜了。不如放輕鬆些，尋找適合微型廚房和自己生活形態的用具。

平底鍋
可以單手輕鬆
拿起來。

鍋子
是能捧在掌心的
小尺寸。

有這些就沒問題了

主要都用這把。

只有兩把菜刀

以前我有一整組六、七把刀具。不過，搬家時一個出錯全都丟了，留在手邊的只有一把小刀和萬用的三德刀。也多虧這樣，讓我發現平常做菜時只要有這些就足以因應。

現在，刀刃12公分左右的小菜刀是我做菜時主要使用的刀具。在狹小的作業空間裡，這樣的大小用起來順手方便，大大發揮。至於三德刀，大概只有在切南瓜時才會出場。

牛奶鍋大小的單柄鍋

或許有人心想，這麼小的鍋子也能用嗎？其實，如果只是要做兩人份的湯，或是燙個青菜，這樣的大小剛剛好。要是鍋子太大，同樣的水量水位會太淺，沒辦法讓食材整體入味，或是煮味噌湯時味噌不易溶解。

只使用點心蒸籠下方的小鍋子。把手小，在卡式爐上用起來也很方便。

剛剛好的深度，很適合用來做馬鈴薯燉肉之類的燉菜。

這些是北歐的古董。原本是小牛奶鍋，我都拿來煮一人份的味噌湯。

直徑16公分的小平底鍋

這只平底鍋竟然是在百圓商店裡找到的。本來是臨時缺一個平底鍋，只是打算先「撐一下」，沒想到小巧好用，現在炒菜時，我只用它。這個大小，就算笨手笨腳的我也能夠盡情「甩鍋」。由於鍋面較窄，能放的食材雖少，卻能輕鬆吸附調味料。

鑄鐵鍋（P31）的鍋蓋也能當平底鍋。拿來煎切得較厚的蓮藕片，或是做蛋料理都很好用。

耐酸鋁材質的輕巧調理盆

洗菜、將調味料與食材和勻、調油炸料理的麵衣……出場頻率很高的調理盆，最好是材質輕巧，可以單手輕鬆拿取。

我用的是直徑15公分大小的調理盆，因為體積小，同時好幾個一起用也不占空間。用完後放到水槽裡疊起來就行了。耐酸鋁材質不單單是輕巧還很好洗，是料理的好幫手。

一般的調理筷大約30公分長，想像成一把尺或許比較容易理解。這長度無論立著收納或是收進抽屜裡，都很礙事。在烹調過程中也是，經常會超出砧板或調理盆而掉落，或是炒菜時一不小心就碰到手肘。

最後我終於找到稍長的免洗筷來取代。這麼一來不會礙手礙腳，與火源可相隔一段距離，所以也不會覺得燙。至於備料或以小火烹調時，一般的免洗筷就夠用了。

稍長的免洗筷

稍長的免洗筷是竹製的，方便清洗、不容易沾附髒污，非常好用。

一般的免洗筷。備料時一次會用上好幾雙。

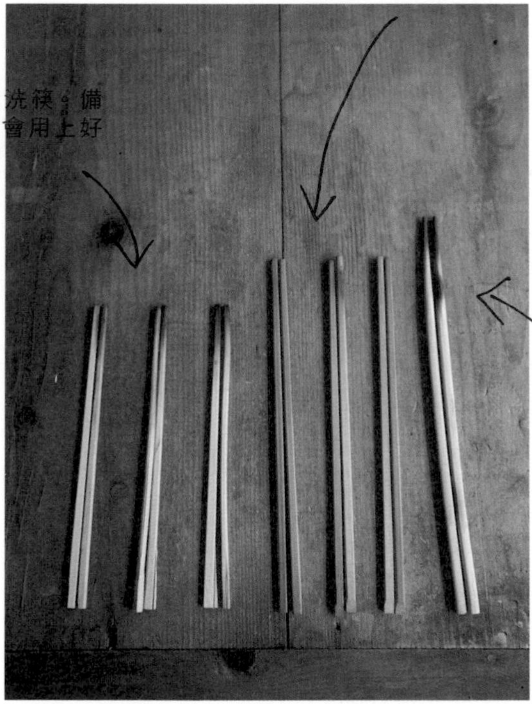

唯一一雙調理筷，從我剛搬出來自己住用到現在，最近幾乎很少出場。

木質調理匙

我怎麼都用不慣金屬的烹調用具。每次碰觸到水槽或是鍋子發出的聲音，還有冷冰冰的觸感都教我感到不自在。不知不覺，用的幾乎都選木質的。

宮島工藝製作所的調理匙有各種尺寸可選擇，木質觸感很舒服。傾斜的曲線剛好能貼合鍋底，使用的是櫻木，拿在手上很輕柔，也不用擔心會刮傷鍋子。

可以是「圓柄斜面木杓」又或是「味噌刮刀」，搭配我平常愛用的平底鍋大小剛剛好。

（右）橡膠製的迷你刮刀。刀面較窄，可以深入各個角落。
（中）竹製刮板。用來刮取磨泥板上的佐料。
（左）竹刮刀。我拿來當奶油刀使用。

只有量匙使用的是金屬材質，液體或粉類比較不容易沾黏。1 大匙＝ 3 小匙，只有一款時也能簡單互相替代。

量杯用的是100ml的玻璃燒杯。150ml的話就取一杯半。即使裝滿也可輕鬆地以單手拿取，需要的量較少時也很方便。

高度約6公分的小沙漏，用來取代廚房計時器。只要有1分鐘、3分鐘、5分鐘三款，搭配起來無論什麼時間都能測量。

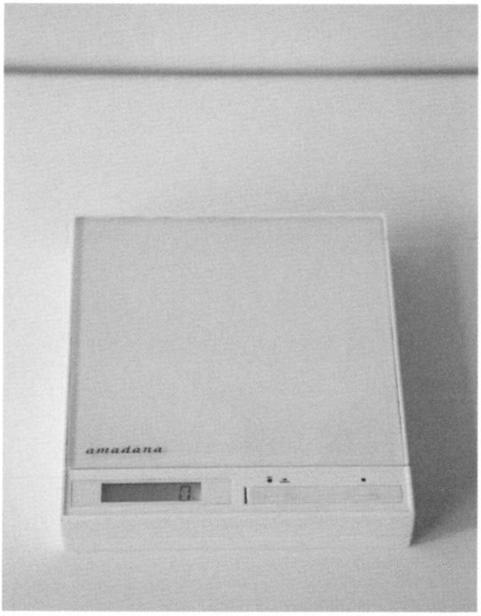

amadana的料理秤，平面造型不占空間，隨時都能拿出來放在作業台，放上調理盆就能快速秤重。

瓢杓、攪拌用具

大概是為了吃甜點設計的湯匙吧？約為中指長的竹製湯匙，我拿來攪拌調味料，或是一次用兩根來拌食物。

是否經常遇到湯杓沒入鍋子裡，或是不知道該放哪裡好？只要選用一根黃瓜長度的款式，就可以省去這些問題。

這些小湯匙我用來舀佐料，抹醬或當作飲料攪拌棒等。選用的標準是跟吃冰淇淋的木湯匙差不多大小。

單手使用的沙拉叉匙組，理論上應該要好拿好夾。這組叉匙用雙手拿，就算是大塊食材也能輕鬆攪拌。

味噌篩網

味噌篩網的大小，剛好可以放半塊豆腐。當然可以拿來瀝乾豆腐的水分，此外像是洗兩三顆馬鈴薯，或是一份沙拉的生菜，都很方便。

把篩網放進裝滿水的調理盆裡，將蔬菜外加幾顆冰塊一起泡在水中，就能做出口感爽脆的生菜沙拉。最後只要取出冰塊，瀝乾水分即可。

如果食材分量更少，可以用竹製濾茶器。拌味噌時我反倒常用濾茶器。

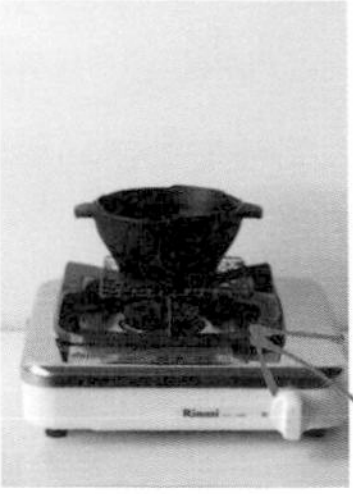

長寬各12公分的方型烤網，使用比爐架還小的鍋子時，有助於安定。因為會直接接觸爐火，得要挑選比較堅固耐用的。

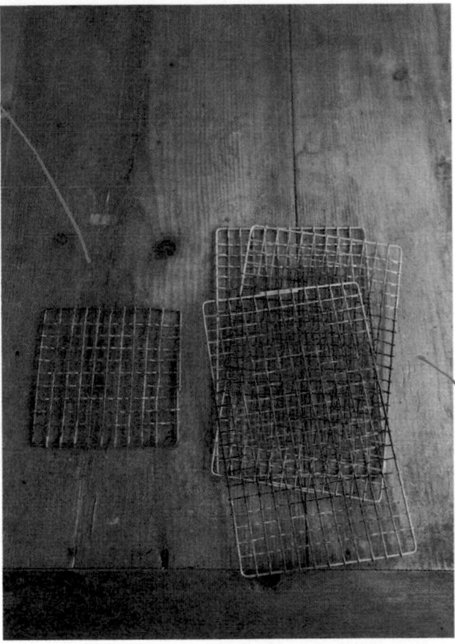

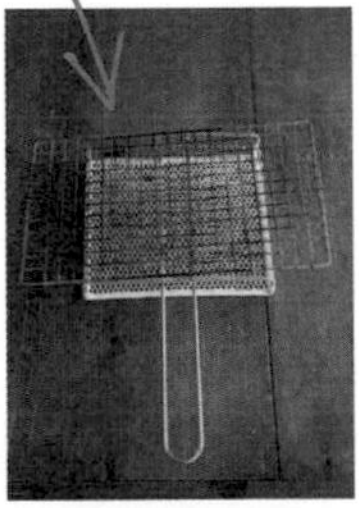

使用陶瓷烤網，食材與火源保持適當距離，遠紅外線的效果讓食物更加美味。

烤網

就算不是要做正統的魚類料理，但是只要有一張烤網，能做的菜色種類就多很多。油豆皮稍微炙燒一下，撒上蔥白絲，再淋點醬油，就是一道下酒又配飯的小菜。

我有一個有陶瓷基底的烤網，上面會再疊放另一張烤網。烤不同食材時只要更換上方的烤網，就可以省去當下要一直清洗的時間。

只有烤網，多幾張也不占空間，平常我都立著靠在廚房的牆邊。

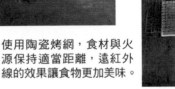

雙層砧板＋底墊

我會把大砧板架在水槽上面，充當作業檯面（P76）。切菜時上面再放一塊小一點的砧板，在雙層砧板上作業。大砧板保持固定，只有小砧板會配合食材移動。

如果要切肉類、鯷魚這些會出油的食材，只要再鋪一塊塑膠墊，就不怕有腥味或弄得油膩膩的。

配合砧板尺寸，割一片透明底墊。比砧板小一號，用起來就很方便。

有多個同樣的東西

相信很多人會因為廚房小，只好盡量減少物品，但有時候就是過度精簡，做起菜來反倒效率很差。

記得，用具的「種類」可以少，但還是要準備一定的數量。

例如，我當作調理筷的免洗筷就是。炒菜、攪拌，要是每換一道菜就得清洗，做起菜來就很不順暢。廚房已經夠小了，還要特地準備一個地方來暫放調理筷也是奢求。

既然這樣，每做一道菜就換掉，之後再一併清洗就好啦。

相反的，能一支多用的的湯杓或調理刮刀就一支用到底。

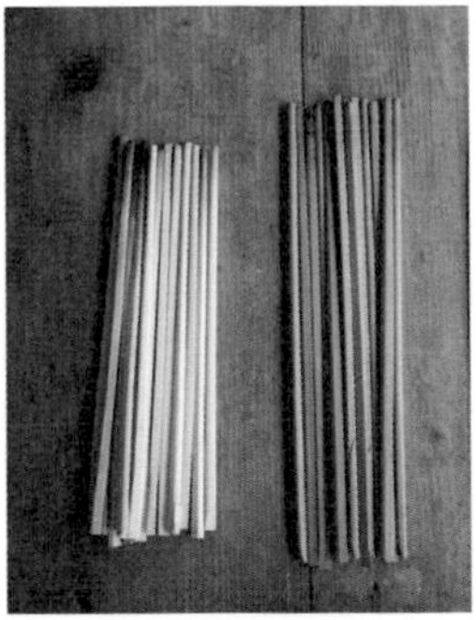

體積小，就算用量多，
也不怕會堆滿水槽。

竹製刮刀和木匙全都一起收在隨手可拿取之處。除了攪拌、挖取之外，簡易計量時也可以用。

有的話更方便

油炸鍋

TWINBIRD的「小型油炸鍋」。
造型簡單，容易使用。

放在油炸鍋旁備用的瀝油網與調理盤組合。底下墊一塊布，高溫、油膩都不怕。

要在這麼小的廚房做油炸料理？當然！而且無論炸雞塊、炸魚或天婦羅，只要有它就不怕！

這個直徑約19公分×高21公分的小巧油炸鍋熱源來自電力，不需要爐火。由於有一定深度，也不用擔心炸油飛濺，到處都能使用這一點實在太棒了。

一次的用油量很少，且單手就能拿起的重量，使用後清潔起來輕鬆愉快。簡直是微型廚房最佳夥伴。

食物處理機

美膳雅（Cuisinart）的迷你食物處理機。若是食材沾在齒輪或機體上，這時就是迷你刮刀（P21）上場的時刻。

如果只是少量食材攪拌，我會用調醬汁的迷你攪拌棒。

一般食物處理機給人的印象就是拿進拿出很麻煩，但如果是掌上型的小尺寸，就方便多了。

將半顆洋蔥切成細末，或是處理水分較多不好切的番茄，用食物處理機三兩下即完成備料，簡直是嘆為觀止！

電源線直接繞在機體上，收納時一點都不會凌亂。

小型調理夾

每次看到烹飪專家煎肉或煮義大利麵時熟練使用調理夾的模樣，都讓我忍不住崇拜。

但我挑戰了好幾次，工具本身是很棒，我卻怎麼都用不慣。

最後我找到夾冰塊的小型調理夾。很好施力，無論是小塊的或是稍微有點重量的食材，都可以穩穩夾住。

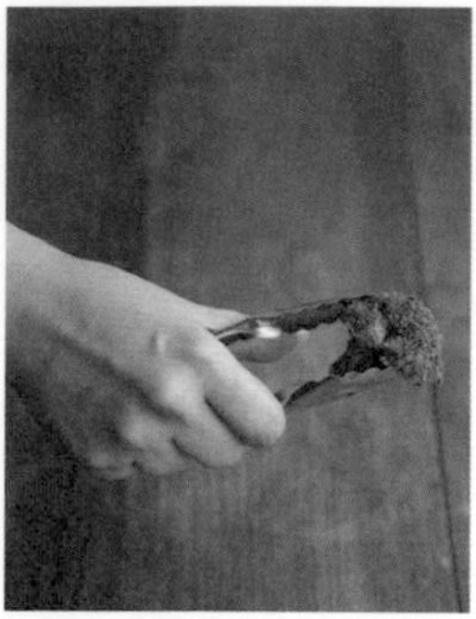

剛好可以整個握在掌中的長度。

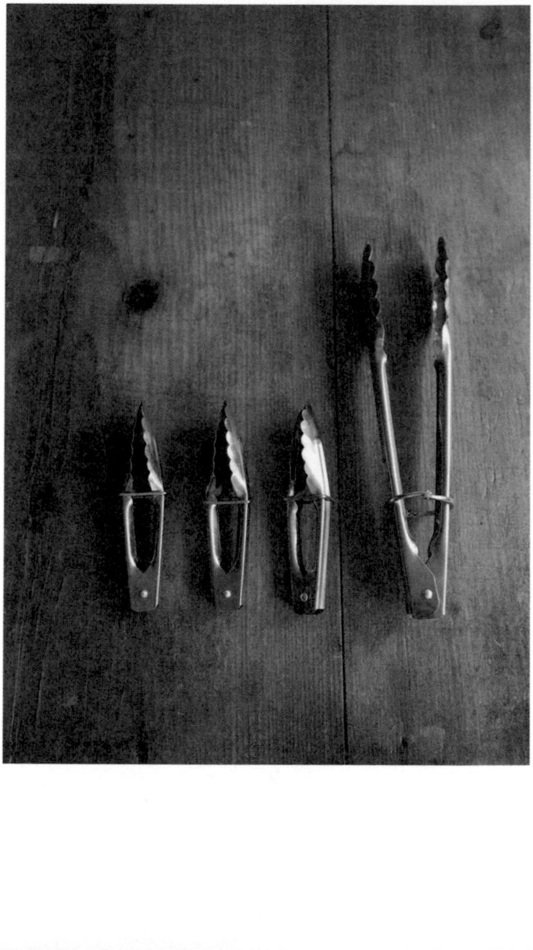

鑄鐵鍋

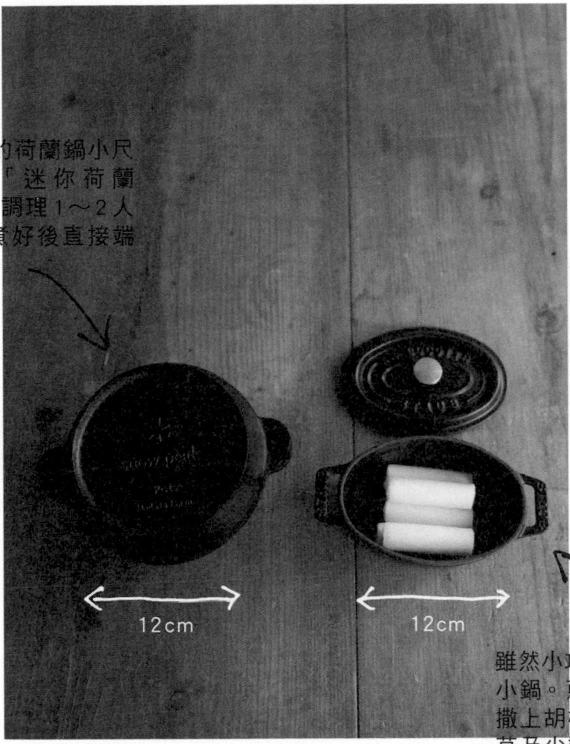

野外專用的荷蘭鍋小尺寸版——「迷你荷蘭鍋」。用來調理1～2人份料理，煮好後直接端上桌。

雖然小巧卻一樣好用的Staub小鍋。蔥白段淋上橄欖油，撒上胡椒、鹽，加入乾燥香草及少許水，以中火加熱。聽到滋滋聲時，一道蒸烤蔥段即完成。

鑄鐵鍋能讓食材的鮮味濃縮凝聚，特別美味，是鍋具中的模範生。但有個小缺點就是鍋子難免厚重。無論收放、取出或是清洗都覺得麻煩，到最後常是捨棄不用。

然而，這麼一個「重量級」的鑄鐵鍋，如果是迷你尺寸，單手就能拿起來。也因為方便輕巧，出場頻率大大提高。

Le Creuset迷你起司鍋組合裡的小鍋。也適合拿來做要用到較多油的料理。

隔熱套

Marimekko 的隔熱套。有了它，整個廚房都明亮了起來。

東歐的古董貨。

只是將幾塊絨布疊起來縫製的自製隔熱墊。專用來端小鍋子。

其實隔熱套也可以用多幾條擦手巾或是抹布取代，認真說起來，也不是非要不可。

可是端熱鍋子用的隔熱套不僅有實用性，同時也是點綴廚房的重要單品，可以為廚房整體印象定調、達到畫龍點睛之效。挑選圖案與顏色時更是令人開心。

鍋墊、杯墊

想要隨手放下燒燙燙的鍋子或平底鍋時，作業檯面上的厚絨布（Ｐ76）就能發揮功用。在鍋子上疊其他工具，就能更有效利用作業時的空間。

至於客人桌上用的，則盡量挑選最小尺寸。因為在窄小的桌子上要是擺滿了各種布料，會讓人很不耐。我會選擇剛好符合大小的鍋墊、杯墊。

（上）來自蒙古的伴手禮。「這是蒙古包嗎？」「好像也叫做穹廬。」自然開啟話題。
（下）用零碎的麻布代替杯墊。可以自由搭配各個尺寸，也能輕鬆替換。

開瓶器

除了經典款之外，還會有每年限定的色系。外型可愛又好用，也很適合當作結婚賀禮送人。

打開的瓶蓋放進磁杯裡，累積一堆再丟掉。

我並不是弱不禁風，可是對於握力卻沒什麼自信。此外，也很不擅長運用槓桿原理，常常有人看我開啤酒的樣子，忍不住會說「好危險啊！」於是，從外觀時尚到專業使用的各種款式我都嘗試過，最後覺得最好用的竟是這麼普通的開瓶器。

ALESSI紅酒開瓶器，只要將臉孔部分朝一個方向扭轉就能開瓶，是非常方便的設計。風格雖然有點獨特，但對我這種手殘人來說是不可或缺的好工具。

葡萄酒即使開瓶了，只要用「真空瓶塞」防止氧化，仍然能保持風味1～2週。

經常有機會出場的廚房紙巾，挑選可以撕成小張的就不會浪費。

保鮮膜有大、小尺寸。保鮮袋只用大的。限定尺寸便可以省下使用時挑選的時間。

省空間的消耗品

方便的消耗品有很多，但盡量篩選縮減品項，使用起來會更有效率。

為了省空間精挑細選，一開始會覺得不太划算，不過如果能兼顧其他用途就實惠多了。

通常會很占空間的盒裝面紙，換成方形盒就變得小巧好收納。

三款竹籤

小型竹籤不只能用在日式甜點，也適合西式醃菜。

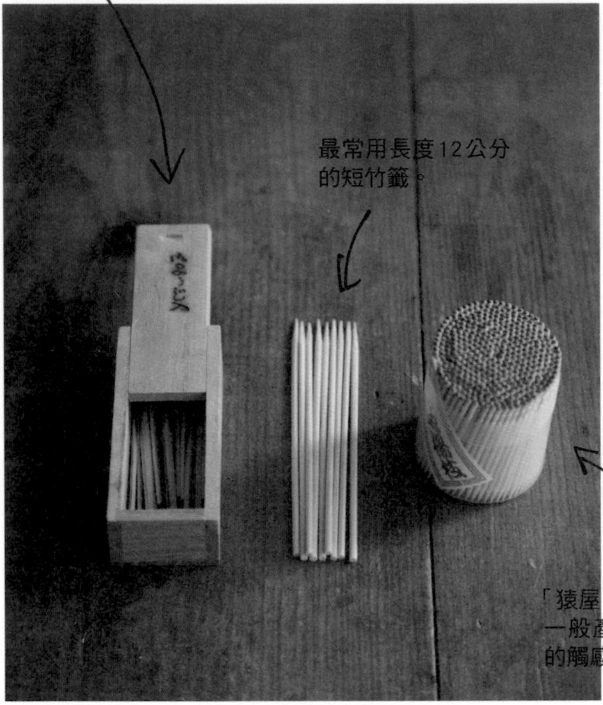

最常用長度12公分的短竹籤。

「猿屋」的牙籤。木紋比一般產品來得美，給人的觸感是飽滿溫潤的。

竹籤是隨時都方便好用的工具。不僅在汆燙小番茄、馬鈴薯時用來確認熟度，有時候只要把熟鵪鶉蛋或銀杏串成一小串，就是一道小菜。

一次用兩根像筷子一樣拿，加上細細的前端，也能發揮盛盤調理筷的功用。

此外，像是發現牆壁接縫或水龍頭等小地方有髒污時，在竹籤外包一張紙巾擦拭，小角落也能清理得很乾淨。

製作冷泡煎茶時，茶葉容易塞在漏斗口，用竹籤稍微疏通一下就行了。

一彎月牙的小店

當戶外的天色稍微暗下來時，茜夜的月牙彩繪玻璃就亮了起來。餐廳的商標也是一彎小月牙；店內則掛著月亮盈虧的日曆。

這裡就是月牙之夜的小店，經營理念是「適合讀書、工作的酒吧&咖啡館」。當初我之所以開這間店，就是希望在這個為上班族而開的居酒屋密集地區，有個能讓粉領族在下班回家前喘口氣，一個人享受安靜片刻的地方。「肚子好餓啊～給我來顆飯糰～」在附近上班的小資女衝上樓梯一打開店門就點餐；帶著工作的稿子來這裡埋頭閱讀的編輯、準備要資格考試，帶著「功課」來的護理師、固定投宿對面飯店，睡前會來喝一杯的譯者、工作到一半想喘口氣，只拿著皮夾就跑來的上班族……等形形色色的客人都有。

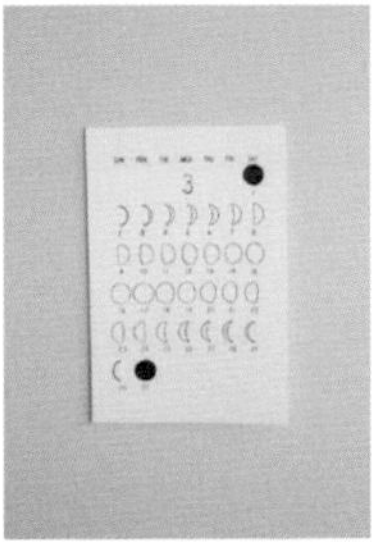

這裡與其說是酒吧，更像是位於閣樓的自習室。

今天，眾人的夜晚也在月光的守護下，靜靜地變得更深了。

第二章

微型廚房裡的聰明點子

ötés
orgolás
minta-
gyüjte-
mény
SZŐTTESEK ÉS HÍMZÉSEK

四種調味料

聽起來很像是廚藝不精的藉口，但是吃來吃去，我還是覺得當季食材而且以原味品嘗最美味。

二十幾歲造訪西班牙時，看到直接端出來的整盤生菜，讓我大為震撼。桌上有裝橄欖油的瓶子和研磨胡椒，得自行調味。不過，真的好好吃。

自此之後，我調味的習慣基本上也只有鹽和胡椒。西餐的話就再加橄欖油，日式料理則加醬油搭配，就只有這樣而已。

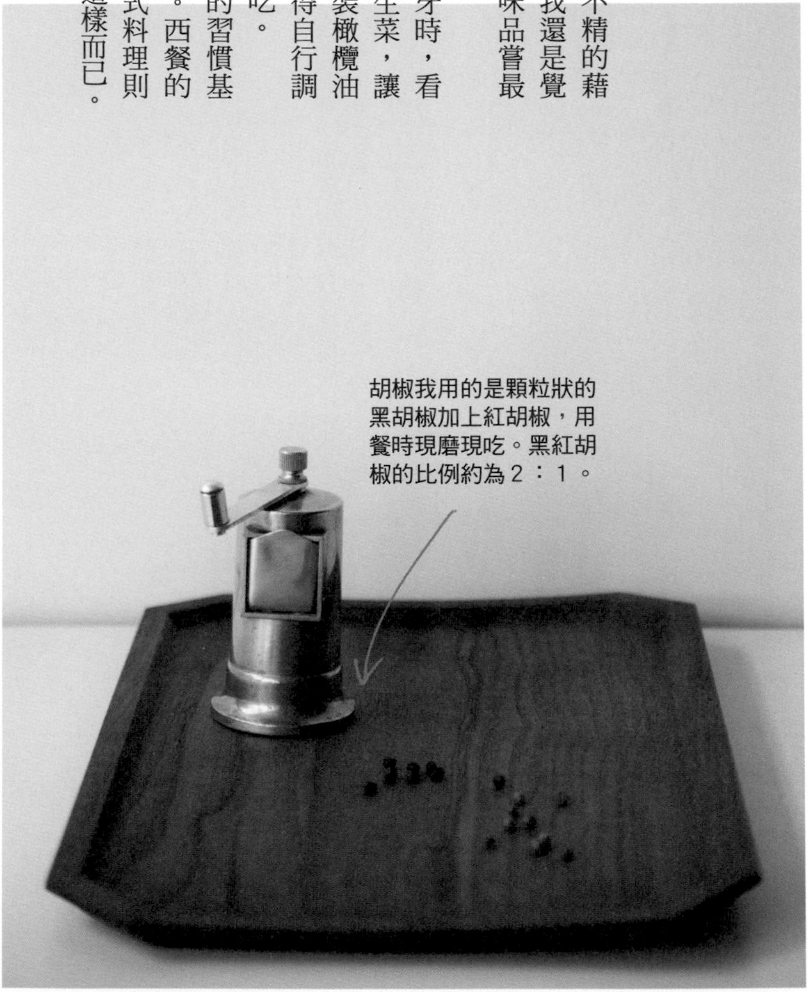

胡椒我用的是顆粒狀的黑胡椒加上紅胡椒，用餐時現磨現吃。黑紅胡椒的比例約為２：１。

鹽共有三種，以岩鹽為主。
顆粒大小與口感各有不同，
配合料理來選擇使用。

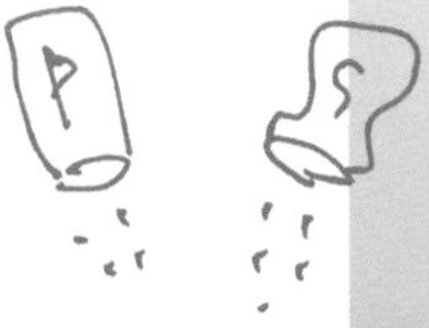

（右）橄欖油多半以生食使用，盡量挑優質產品。
（左）醬油不僅用來調味，大多是直接淋上食材就吃，所以我喜歡口感厚實的再釀造醬油。

料理的基本是「高湯」。我也曾努力嘗試過正統的食譜卻一再失敗。不知道是食材的量太少，還是時間的問題，總之每次都讓我覺得是門大學問。

另一方面，也試過只用化學調味料或高湯粉，但吃起來總好像「修飾過頭」，覺得哪裡不太對勁。

生堂的高湯包，只用了碎昆布和柴魚片。加到熱水裡兩到三分鐘，簡單的高湯就完成。

拆開8g裝的高湯包，先分裝成一人份（2g）的高湯包。

談談高湯

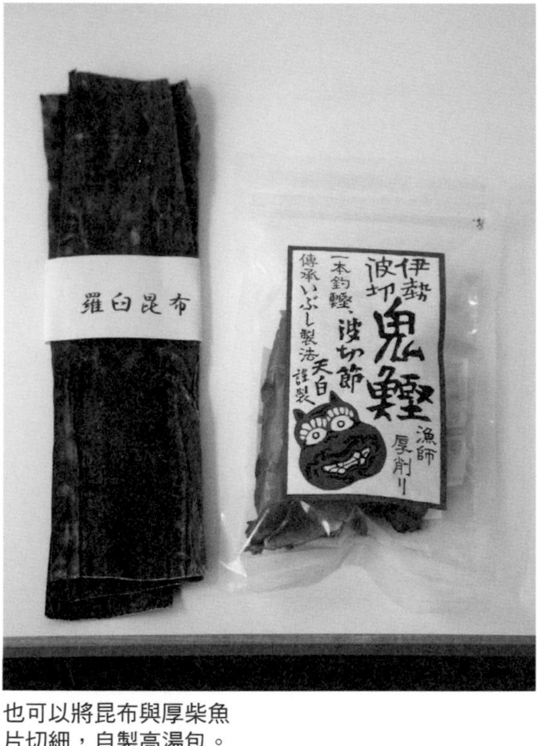

也可以將昆布與厚柴魚片切細，自製高湯包。

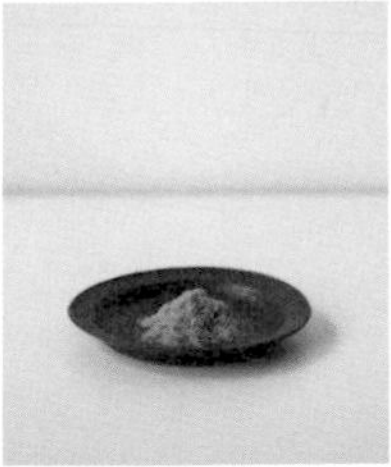
柴魚粉。烹調時代替調味料使用，能省下煮高湯的工夫。

常備的瓶罐裡裝什麼

柴魚片、高湯包等這些在容易手忙腳亂的烹調過程中不可或缺的要角，我會事先分裝成小分量，裝進小瓶罐裡。

瓶罐裡一併加入乾燥劑，這樣即使不是密封罐，只要不是太長時間都能安心保存。

在札幌發現的好東西

拜先生經常調職之賜，讓我有機會認識各地的美味食材。

100%使用北海道生產鮮乳製作的「北海道四葉奶油」。加點醬油炒蘆筍，就是一道極品。

「北海道蔬菜沾醬」。跟任何蔬菜都好搭，我特別推薦沾水煮南瓜。

來自毛豆的產地中札內村的「即食毛豆」。沖水解凍之後，也可與豆腐泥拌成一道小菜。

「鮭魚柴魚片」，用的不是「鰹魚」，而是「鮭魚」。甜味比用鰹魚做的柴魚片來得更濃郁。我會用這個做飯糰（P119）。

100%使用平取町產桃太郎品種的番茄汁。「Nishiba 的情人」這個名字的意思代表了「長老喜歡的好滋味」。（譯註：Nishiba 是愛奴語，代表仕紳、長老、富翁之意）

番外篇

以出生於札幌圓山動物園的白熊「Pirika」為形象而企劃的「白熊拉麵」。麵條比想像中來得道地。

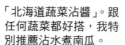

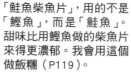

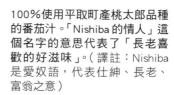

在福岡發現的好東西

番外篇

現在日本各地都買得到的柚子胡椒。這瓶「YUZUSCO」製成更方便好用的液體狀，意圖使人隨身攜帶。

由筑後地區的年輕農家・Ukiha農夫組製作的「素顏果乾」。這包是梨子乾。除了直接吃，搭配沙拉或是加到飲料裡都好吃。

當地人似乎喜歡辣味稍微重一點，但是對於關東人來說，這款吃得出有雅致高湯風味的「稚加榮辛子明太子」很受歡迎。

以素麵聞名的吉井町長尾製麵的新武器「拉麵假面」。包裝上的可愛吉祥物童心十足，出自公司老闆長尾先生手筆。

酒粕漬鯨骨肉的「松浦漬」是難得的美味。鋪在熱騰騰的白飯上，忍不住再添一碗飯。

家用雙門冰箱

我現在用的是家用小冰箱，高130公分，冷藏加冷凍大概140公升的容量。其實過去我也沒用過比這個更大的冰箱了，因為我知道自己是冰箱有多大就會塞多少的人，結果就是剩下太多東西。

這樣不過大的容量，我可以隨時掌握冰箱裡有些什麼。雖然得增加採買的頻率，但好處是減少浪費，不僅能夠有效用完食材，也容易調度。

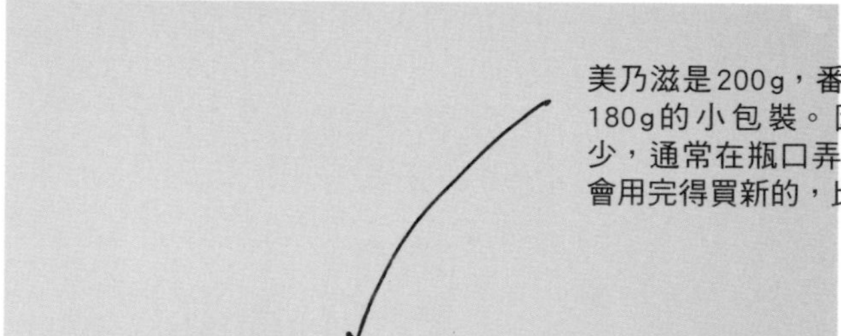

美乃滋是200g，番茄醬則是180g的小包裝。因為分量少，通常在瓶口弄髒之前就會用完得買新的，比較新鮮。

放進冰箱門的調味料，最好能配合收納空間的高度去挑選尺寸。這麼一來就不必面對可能卡住、冰箱門很難關上的壓力。

菜單每次都是手寫在宣紙上。

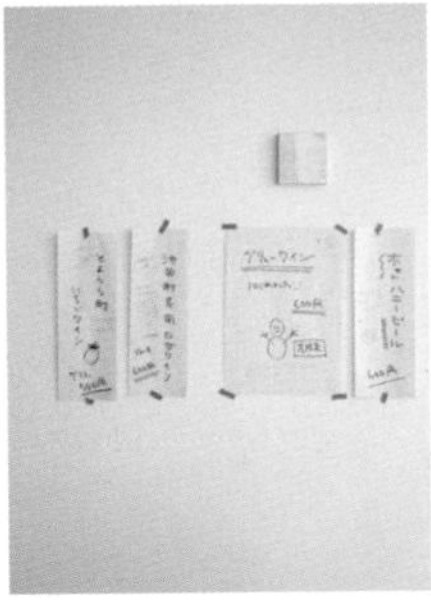

一星期・三星期・一個月

食材備料我是以一個星期為單位。當然在這期間也需要添購，因此我會每天檢查冰箱裡的庫存。

店內的菜單每三個星期更換一次。去超市採買時眼前一堆堆的食材都是當季時令，就算不加思考也會自然而然更換成時令菜色，而時令的週期大約就是三個星期。

至於很容易用到一半卻堆了很多種的調味料，我會以一個月為單位來檢查。檢查時會把冰箱裡的東西全拿出來，先以溼紙巾擦拭，再用酒精和廚房紙巾擦過。每個月一次的大掃除，也因為冰箱容量不過大，才能辦得到。

保存容器
只有一個尺寸

層板的深度可放前後兩排、高度可疊兩層的尺寸。
在冰箱層板上可橫放的尺寸。

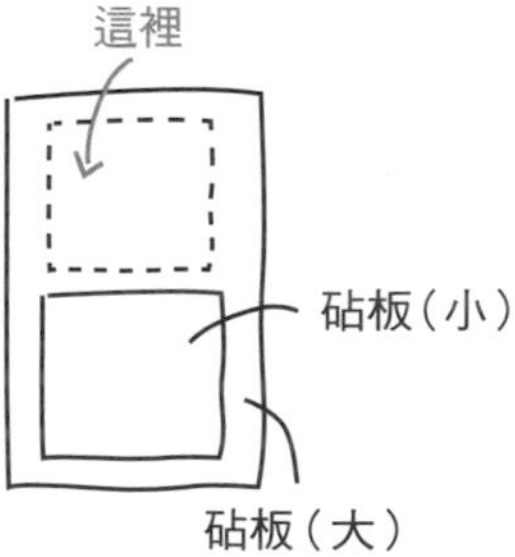
這裡
砧板（小）
砧板（大）

考量到能放在作業檯面空間上的尺寸也很重要。

要把食材裝進保存容器時，會不會經常猶豫挑選容器的大小，或者是遇到盒子與蓋子不搭的問題呢？

既然這樣，就把容器尺寸全部統一就行啦。

要訣就是先測量好冰箱層架的寬度和深度，再挑選方便使用的尺寸。

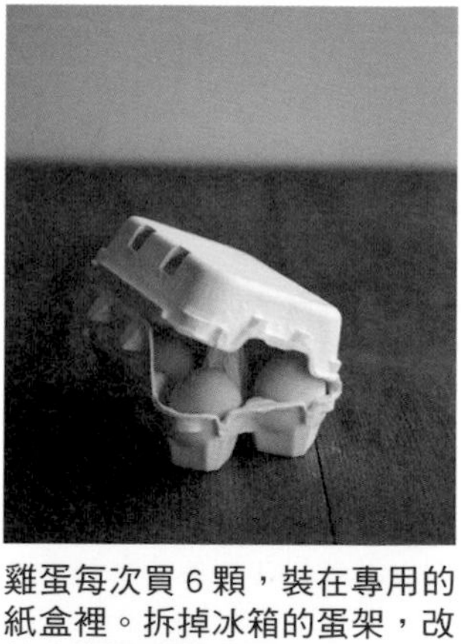

雞蛋每次買 6 顆，裝在專用的紙盒裡。拆掉冰箱的蛋架，改放小瓶裝的調味料。

過去我會把菜單上所有菜色食材都事先處理好，為的就是能迅速提供給顧客。結果卻經常浪費了食材，總令我喪氣。

最近，我把備料的作業減到最低程度，不但廢棄的食材少了，而且比起事先做好，當場洗切再烹調會更好吃。倒是要做好能隨時開火的準備。

佐料用沾溼的廚房紙巾包起來，放進冰箱保存。

事前準備只需要做到這些

一大片海苔切成四片，放進盒子裡。

麵粉放進有篩孔蓋的罐子裡，就可以簡單地在食材上鋪好薄麵衣。

可以冷凍的食材

一次用不完的食材，買來之後盡快處理，以冷凍保存。有些食材與其在常溫下放幾天，不如冷凍保存更新鮮，味道也會更濃郁。

◎菇類→趁鮮分成小份冷凍。香菇的話可以切成要使用時的小片，烹調時不需解凍可直接烹煮。

◎肉類→趁鮮切成單口大小冷凍。要油炸的話可以事先醃過，調理前用微波爐解凍即可。

◎油豆皮、豆渣→油豆皮切成慣用的大小，豆渣分成小份冷凍。要用時放在常溫一會兒，就可以自然解凍。

◎蔥→切成適當的長度冷凍。不需解凍，直接調理。不過，其他平常生食的佐料就不適合冷凍保存。

◎醬菜→切碎之後冷凍。解凍很快，可以直接端上桌。

少量的話分裝成肉類袋、蔬菜袋。分裝時盡量攤平，就能方便堆疊。

在米盒裡放了半合（90ml）的酒杯充當量米杯。正好可以量我經常煮的分量——「一杯半」。

德島高木農園出產的「Milky Queen」。剛碾好的米以1kg小包裝購入。

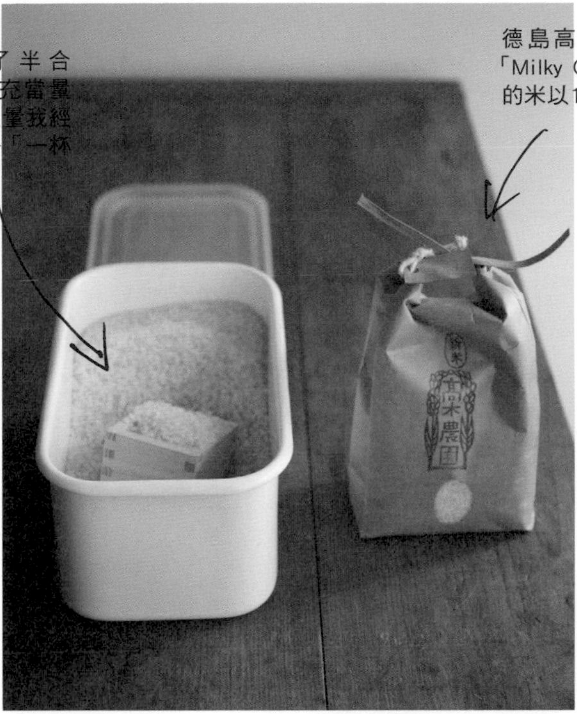

白飯

用陶鍋煮出來帶點鍋粑的白飯真的特別好吃。雖然知道陶鍋煮飯比想像中簡單且迅速，但想到電子鍋有保溫功能很方便，最後還是忍不住按下開關了。

話說回來，如果是剛碾的米，用電子鍋一樣能煮得晶瑩剔透、口感Q彈。沒吃完的白飯趁熱用保鮮膜包起來放進冷凍庫。只要用微波爐解凍，就能恢復剛煮好時的Q彈感。

可煮一杯半米的雲井窯陶鍋。博多的圓形飯桶，不使用任何金屬零件，可微波加熱，不知不覺就成了常用的工具。

小器皿的用法

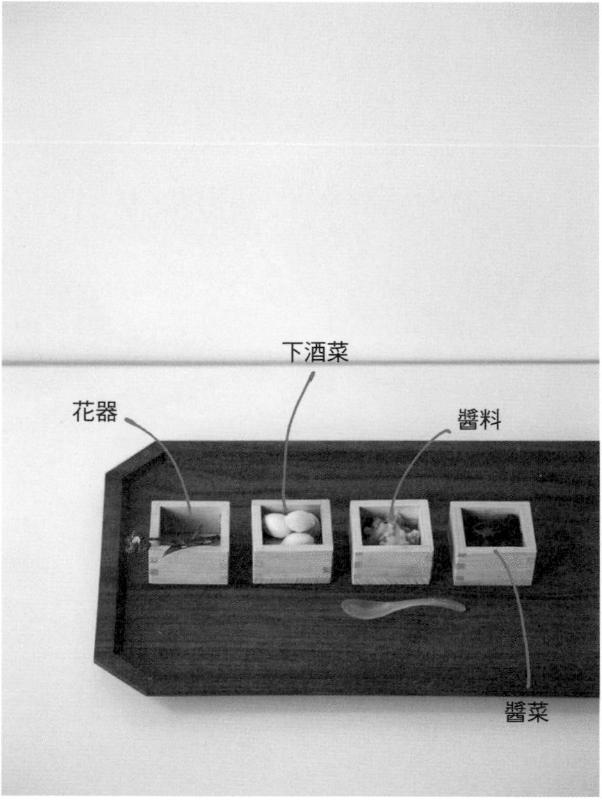

邊長只有4・5公分的小木枡三個排排站，就變成品飲日本酒的組合。

不過，木枡可未必只能用來喝酒，當作小食器的一種，用途就變得廣泛。

即使疊了三層也不過邊長15公分×高15公分的小巧便當盒（P55），是我去湯布院旅遊時發現的。

如果只有過年時才拿出來就太可惜，平日也可以使用，增加亮相的機會。

如果是 2 人份的年菜，可以只用一層。光是幾道小菜，就能炒熱新年的氣氛。

使用過後簡單用水洗即可。覺得需要特別清潔的地方，就用廚房紙巾沾點洗潔劑輕輕清洗。

當作甜點容器。不只糖果餅乾，蛋糕、和果子也可以。當作托盤，讓人各自拿取也很有趣。

即使是現成的壽司，裝在這個餐盒裡也變得有模有樣。外層再用包巾包起來，就可以外出野餐了。

托盤的用法

品茶組。不僅煎茶，紅茶與咖啡也合用。裝茶的話，可以連裝熱水的保溫瓶一併附上。

18cm×24cm的木托盤上放幾個小碟子，就完成了一份下酒菜組合。

飲用水。需要的人可以自行取用，附上60ml的紙杯，恰到好處的容量。

白飯與味噌湯，還可以加一小碟醬菜。擺上兒童用的小筷子剛剛好。

須藤先生的器皿
齋藤女士的器皿

在國立市製陶的須藤拓也先生的作品。簡單的造型搭配活潑生動的圖案，將料理襯托得更美味。彩繪小碟（左後）與章魚小熱狗的組合（P52）堪稱絕配！

在淡路島製陶的齋藤幸代女士的作品。每個都是10cm左右的小碟子，最適合拿來盛裝下酒的小菜。採用模壓的技法，高雅細緻的模樣是最吸引人的地方。

只有茶＝也能享受好滋味

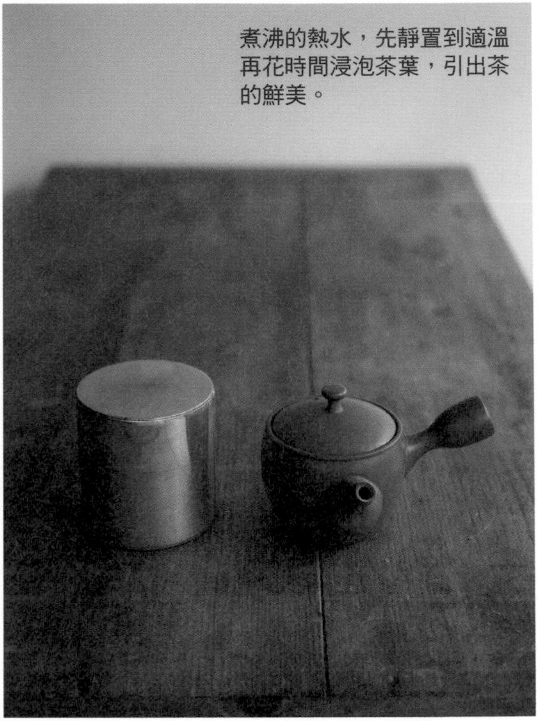
煮沸的熱水，先靜置到適溫再花時間浸泡茶葉，引出茶的鮮美。

除了「茜夜」之外，我在神樂坂還開了另一間只提供日本茶的小店「茜屋」。我生長於靜岡縣，對日本茶比一般人講究些，隨時都懷有一種「唯有品茶絕不妥協」的氣概。

我喜歡的煎茶是掛川的深蒸茶。為了盡量減緩茶葉變質的速度，我會每次放少量到茶罐裡使用。

至於茶具，則選一個不會受到高溫、溼氣影響的場所，全都收放在一起。

焙茶要靠熱水釋放出茶香。使用竹製濾茶器，清洗起來很方便。

談談酒

店內的酒款多半是先生任職的地點，也就是九州和北海道常見的品牌。

日本酒酒杯的容量比半合（90ml）來得小一些，少量慢飲。庫存零碼的小方碟拿來當作酒杯盛盤。

秋季限定上市的秋純吟「porcino」。酒標可愛，口味卻走正統路線。

九州的日本酒以明顯酒米旨味的甘口為主流。

冬天也供應溫酒。我用的是名叫「溫燗 meter」的溫度計，另外雪人造型的「酒器不倒翁」，則是 2 人份的小豬口杯和酒壺。

北海道產的紅酒特別適合稱之為「葡萄酒」。

「池田町民用粉紅酒」很推薦用啤酒杯加冰塊一起喝，叫做「池田喝法」。

為了不使氣氛變得太嚴肅，店內用的玻璃杯以女性器物作家的作品為主。

咖啡與紅茶

用鮮奶取代熱水，就是咖啡歐蕾了。

開封後用文具夾（P64）夾住開口，放進罐內保存。

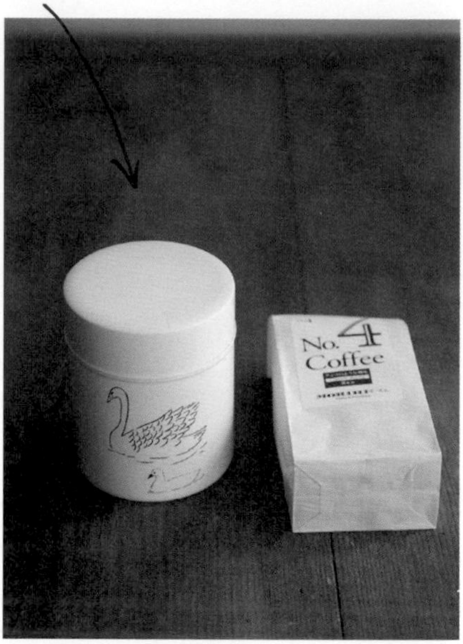

咖啡豆來自札幌的森彥工坊（ATELIER Morihiko）。購買時就請店家磨成適合濾壓壺沖泡的粗細度。

在我家，沖咖啡的是我先生，我只負責喝，手沖咖啡我大概是外行人。

不過，店裡仍會有想喝咖啡的客人，為了因應需求，我在店內使用的是連我也能沖得好喝的法式濾壓壺。這種沖法與手沖咖啡不同，更能品嘗到咖啡豆原味。

日本產的「和紅茶」。沖泡時將茶葉與熱水加入鑄鐵茶壺中，再以竹製濾茶器過濾。

好用的馬克杯

馬克杯適合裝咖啡歐蕾、熱可可，當然無庸置疑，但其實和熱紅酒、梅酒摻熱水這種酒款也很搭。

工作時，拿一只馬克杯當作「員工飲料杯」也方便好用。裡頭有時候裝茶，有時候是果菜汁。從外表看不出內容物是一大優點，所以偶爾也可以裝酒精飲料（笑）。

適合裝稀釋用的熱水、飲用水的片口，方便好用。

如何保養木質餐具

可食用的亞麻仁油，
少量就能塗抹大面積。

木藝創作家渡邊浩幸推
出的「保養油蠟」。

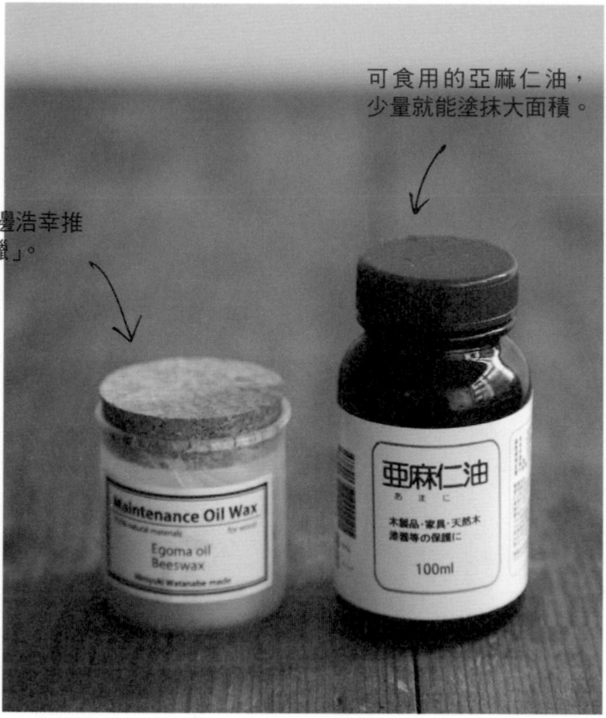

木製品就跟肌膚一樣，用久了、常洗都會變得乾燥。發現表面變白，好像覆蓋上一層粉時，就是它透露出該保養的信號了。

若能勤於保養，木製品看起來就會帶有適度溫潤光澤，別有風味。真的就跟肌膚一樣。

用廚房紙巾沾取少量的
油去推。

用小蘇打粉對付焦垢

如果焦垢在鍋子上方，可以拿大一號的鍋子倒入小蘇打粉，將燒焦部分浸泡在大鍋裡煮沸。

「懷疑自己的眼睛」、「亮到以為是全新的」這類說法通常在用了小蘇打粉保養燒焦的鍋子之後，特別有感。

只要把小蘇打粉撒在焦垢上，加水煮到沸騰，關火後靜待冷卻，就會「閃閃發亮」了。

雖然是例行公事，每次看到我還是會忍不住「哇！」大為激動。

銀合金的產品竟然能用番茄醬去除污垢！細微處可用棉花棒清潔。

※ 有些產品未必適合。使用前請先在不明顯處小範圍試用。

第三章

如何善用微型廚房

TOKYO GAS
換気注意
注意
警告
TOKYO GAS
LIFEVAL
TEL 03-3553-2061
お知らせランプ
Clove
MYSET

餐具
採分區收納

器物的收納以尺寸大致分成幾個箱子，然後幾個碗盤堆疊收放。在一個箱子裡大概是最前方放小碟子、正中央右側是小餐盤、左側是小缽……類似這樣，只要先訂出大概的區域，拿取時就會很方便。

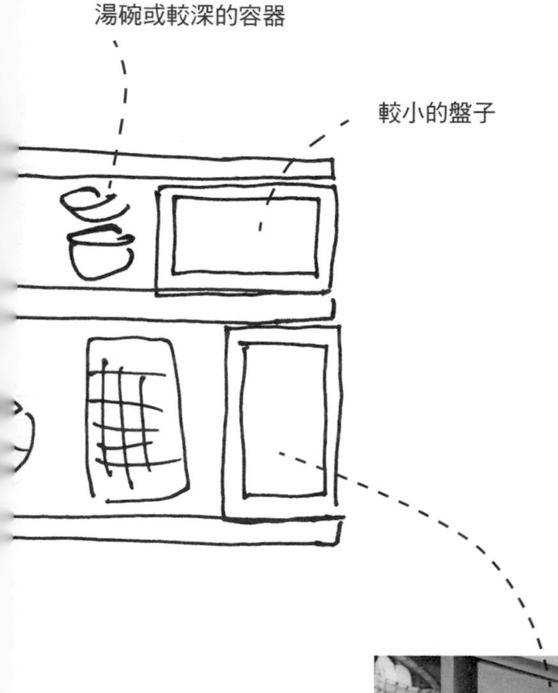

用木板與箱子搭起的餐具架

餐具架是只用厚木板和箱子搭起來的簡易結構。木板可以配合廚房的尺寸請人切割，至於箱子的數量與堆放方式，配置與高度都能自由調整。

形狀不一的鍋子、茶壺也放進箱子裡收納

茶壺、鑄鐵鍋等鍋具，這些形狀、重量不一，不容易收納的器物就放進原本的盒子、箱子裡，就能直接堆疊，不占空間。

小東西
一併收在一起

收放小玻璃杯或茶杯的箱子（P70）。

庫存品
放進籃子裡置於下層

食材、調味料等庫存品都一起放進籃子裡。可以從上方一目瞭然，方便取用。

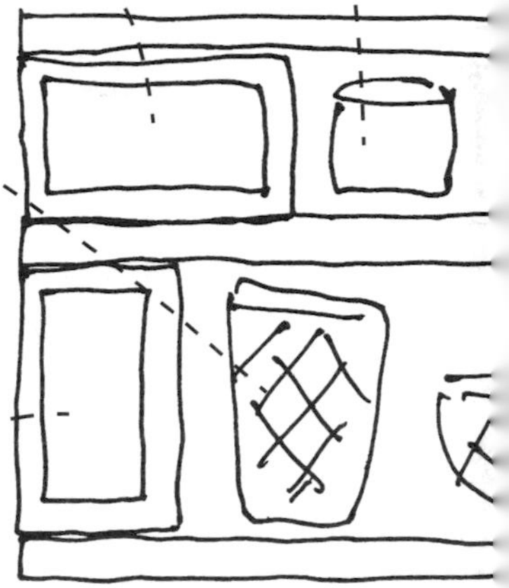

籃子裡裝什麼

（左）大型菜籃可以放番薯芋頭、洋蔥等根莖類蔬菜，或是空瓶罐。
（中）沒有提把、紮實硬朗的籃子適合放調味料等雜貨類。
（右）尺寸較高、薄而輕的籃子用來裝高湯包、海苔等。

小東西收放在一起

籃子內部無塗裝，還能吸收溼氣，非常好用。

很容易顯得散亂的小玻璃杯、小茶杯，我都會收放在同一個箱子裡，要用的時候就整箱拿出來。因為全部都收放在箱子裡，就算稍微雜亂堆疊，也不用擔心碰壞。

我常用的是歐式自助餐供餐的大銀盤，可以直接端上作業檯面。

玻璃杯採用展示型收納

玻璃器皿在光線穿透下會反射出美麗的形狀與姿態，所以基本上我都不會收起來，而採取展示型收納。

就算多少帶點溼氣，但是放在外頭就能順便自然乾燥，也不用擔心會留下水漬。

吧台上一排同樣形狀的大小玻璃杯。排列整齊看起來很令人愉快。

不同外形排列起來也很美，挑選時樂趣無窮。

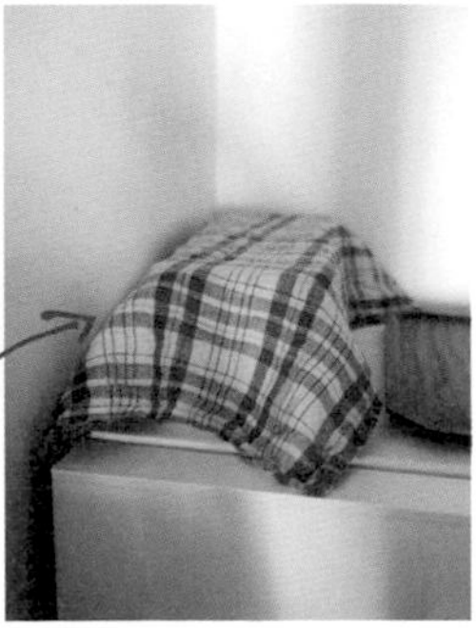

啤酒杯都放在冰箱上方。

廠商送的啤酒杯。上方蓋一塊麻布就能達到遮蔽的效果。

擦手巾隨時要準備三條

擦手巾隨時要有三條，用來擦手、擦餐具、擦工作檯面，有時一天下來要用到的不下十條。

稍微有點溼或是覺得髒了就馬上更換，結束一整天的作業之後再全部一起丟洗衣機洗乾淨。

因為隨時都保持乾淨的狀態，今天拿來擦拭工作檯面的，幾天後也可以拿來擦手。我使用的每一條擦手巾都是同樣尺寸、同樣材質，無論哪種用途都無妨。

爐台上沾了油污或是水槽有水，就立刻擦乾淨。

在水槽邊設置毛巾掛勾，方便取用。

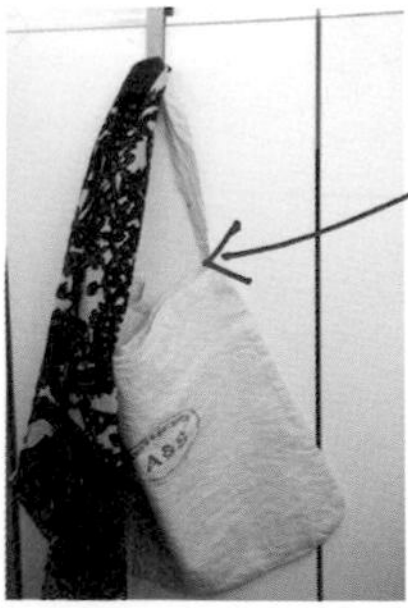

用過的擦手巾放到袋子裡。上放覆蓋一條擦手巾，巧妙遮掩，從外面看不出來。

單口爐升級成雙口爐

基本上是只能放單口爐的微型廚房，加塊板子要放雙口爐也不是辦不到。

不過，空間不夠的時候，改用卡式爐也是一種方法。

◎用一塊板子。
下方鋪一塊配合爐台尺寸的木板，可以防火、防水，就能放下雙口爐。

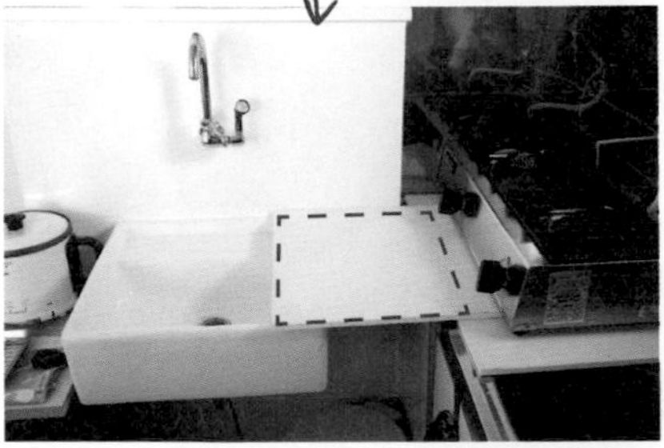

◎用兩塊板子。
從爐台下方到洗手台再搭一塊板子，可用空間就變大了。

◎用三塊板子
洗手台加蓋，搭起臨時作業檯面。板子拿掉，就能同時使用洗手台。

※ 規劃設置時要特別留意，像是爐台下方會不會過熱，以及是否做好防火措施等。

吊掛的物品

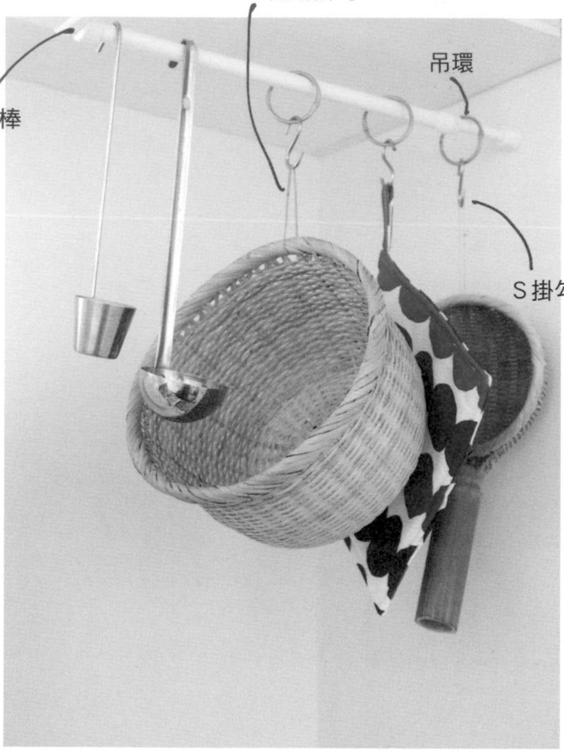

需要時間和空間風乾的竹篩，我都是吊掛在高處，收納兼自然乾燥。

吊掛收納很方便，但要注意的是一不小心就容易變得雜亂無章。同時也考量伸縮棒能承受的重量，因此要精選。

容易積水的鬃刷類也是吊起來直接風乾。下方放一只肥皂盤，即使有水滴也無妨。

立放的物品

因重量或大小容易造成不穩定的工具，就都立放在穩固的馬克杯裡收納。

不要塞得太滿，才方便拿取，烹調時就不會影響作業。

用砧板打造作業檯面

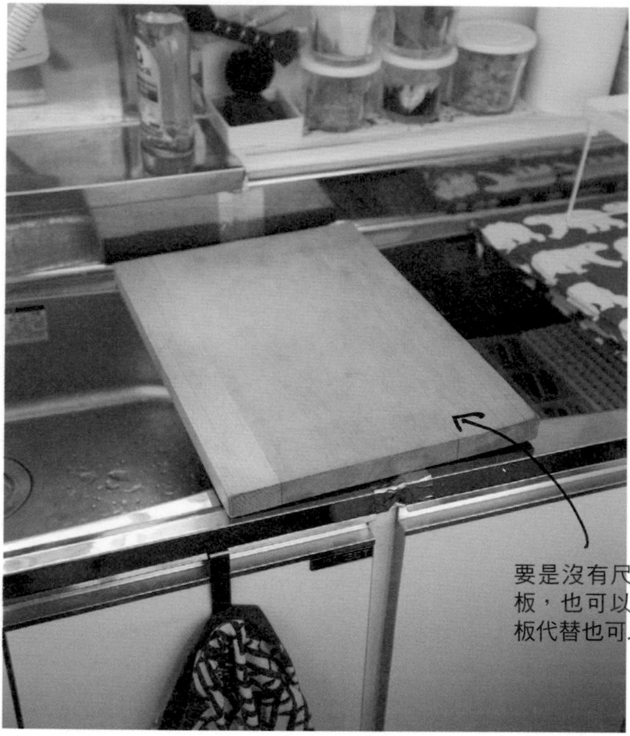

要是沒有尺寸剛好的砧板，也可以用一塊厚木板代替也可以。

配合水槽寬度在上面架一塊厚一點的砧板，就成了一處簡易的作業檯面。
切菜時只要在上方再放一塊小一點的砧板（P26），也就不用擔心食材到處散落。
不用的時候立起來放，水槽又能恢復原本的大空間。

墊一塊厚絨布，鍋子就有地方放了。

用層架與擦手巾打造瀝水籃

在水槽上方，我會利用層架打造成瀝水籃。在水槽上架一塊木板，再放上層架，疊起來還可以做成兩層的瀝水空間。

因為我很怕帶溼氣的臭味，基本上餐具洗完不擦拭，而採取自然風乾。

不過，鑄鐵鍋或是平底鍋之類怕生鏽，甩乾水分後會立刻用小火乾燒直到完全乾燥。

在鋁製托盤上鋪一條擦手巾，就成了一只臨時瀝水籃。托盤可以整盤移動，做菜時也不會礙手礙腳。

在有防水處理的板子上蓋一條擦手巾。擦手巾隨時更換，常保清潔。

在水槽裡放一塊瀝水板，就成了臨時的瀝水區。即使有點重量的鍋子放上去也沒問題。

打造暫放區

發票、傳單等紙張或是剛用完的塑膠袋，這些容易看起來雜亂的物品，就統一放到暫放區。

在桌子底下空出一處空間，A 4大小的資料都可以直接收放。

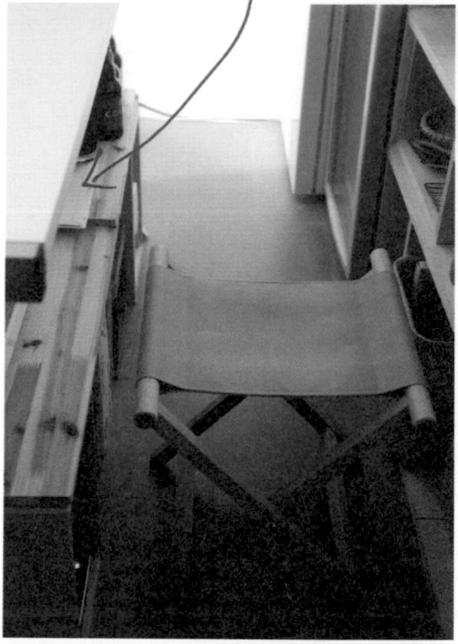

布質折疊椅不用的時候可以折疊起來。放在作業區裡可以完全遮蔽的高度，平常也不會讓客人看到。

可壓平收放的竹製籃子。收合時也可作為隔熱墊。

平日較少用到的上層櫥櫃，幾乎沒放東西，只在手搆得到的櫃口處放了保鮮膜與保鮮袋，而且作業時保持櫥櫃門敞開。

原有的日光燈開關拉繩被我拆掉了。但仍留下開關，必要時還是可以手動開關。

鹵素燈

電源和循環扇共用插座。電線與開關藏在燈罩後方，避免看起來雜亂。

夾式燈
到處都可以裝設。

我不太喜歡日光燈的燈光，偏藍色的光線帶著冷調，不免讓人覺得有些寂寥。

雖說如此，廚房的照明還是需要充足的亮度，才能看出料理的顏色，所以我選了畫廊用來照亮畫作、商品的鹵素燈，不但亮度夠更添華麗感。

拿建材用的耐力板當作緩衝材

透明材質
不顯眼。

在居家賣場等店家買得到塑膠材質的大塊耐力板，通常是施工時來保護家具、地板避免碰撞或刮傷。

由於是塑膠材質，不怕水或弄髒，用剪刀或美工刀便可裁出合適尺寸，鋪在放調味料的檯面，或是墊在水槽下方的櫥櫃。

另外，有緩衝的效果，用來放置玻璃瓶或玻璃杯也很安心。

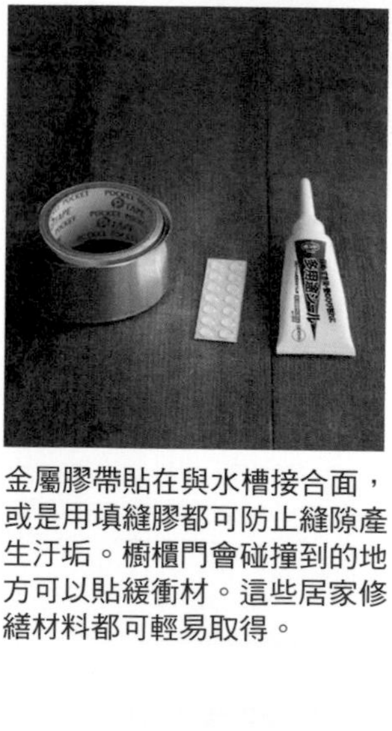

金屬膠帶貼在與水槽接合面，或是用填縫膠都可防止縫隙產生汙垢。櫥櫃門會碰撞到的地方可以貼緩衝材。這些居家修繕材料都可輕易取得。

辦公桌作業檯與邊桌收納抽屜

排水孔濾網全收在同一個袋子裡。

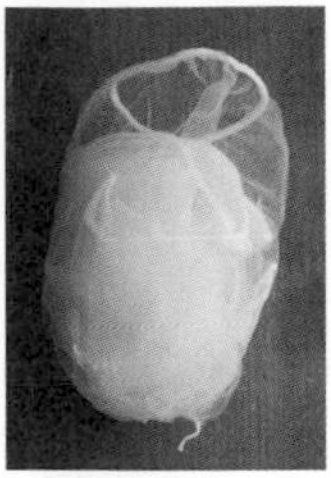

塑膠袋打個洞用繩子串在一起，雖然多少有些雜亂，也不至於到處散落。

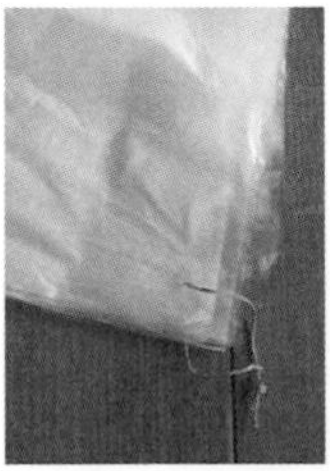

擦手巾全部疊好立起來收納，工作時便能隨手方便拿取。

「前辦公桌」搖身一變成為廚房作業檯。

邊桌上放烤麵包機、電子鍋、電熱水壺。

科技海綿與水槽用的海綿都切成小塊收在盒子裡。

以前在辦公室使用的辦公桌與邊桌，當時用來放很大一台的ＰＣ桌機與掃描器。耐熱、防水又耐重的辦公桌，其實放在廚房正是好用。方方正正、冷冰冰的設計，在廚房裡反倒有股新鮮感。

藏微波爐的地方

電話也不必讓人看到。
放在櫃子最下方，自己
能接得到就好。

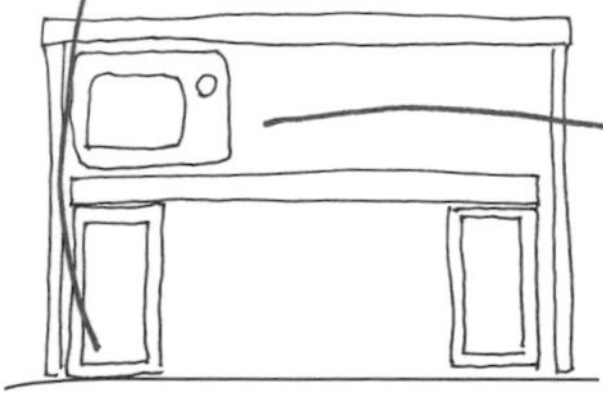

微波爐放在作業檯下方的
櫃子裡，位於吧台最內
側，從正面看不到的位置。

在這下面！

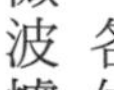

不僅客人看不到，
從上方也完全看不見。

微波爐無論是解凍、備料，甚至烹調都派得上用場，真是方便的好幫手。有些人因為生活形態而選擇不用，但考量到效率、省事，微波爐還是幫了我不少忙。

不過，再怎麼說都覺得它應該身在「幕後」，最好能藏在後院不被發現。理想的狀況是放在方便使用，但客人看不見的地方。確實，在廚房的動線配置上最讓我傷腦筋的就是藏微波爐的地方。

各位是不是多半隨便就把微波爐往冰箱或櫃子上方放呢？其實只要把微波爐藏起來，廚房就會意外地看起來清爽、俐落許多。

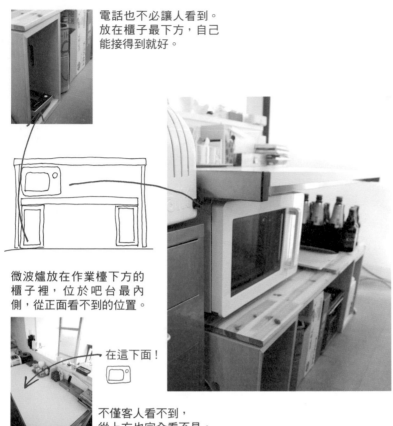

找出死角

開放式廚房很重要的一點就是必須掌握到客人會看得到的地方。

找出即使仔細觀察也絕對看不到的死角，在這裡作業時也可以稍微不那麼緊張。

客人坐著時的視線

站起來時的視線

最多能看到餐具櫃上層。

桌子後方有這麼多東西，但客人都看不見。

窺探時的視線

這裡會看到水槽、瓦斯爐及餐具櫃，但不會看到瀝水籃（P77）、裝廚餘的塑膠袋（P96）。

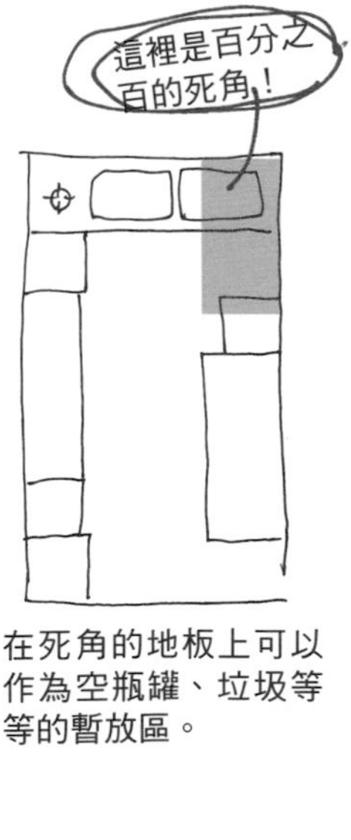

在死角的地板上可以作為空瓶罐、垃圾等等的暫放區。

廚房平面圖

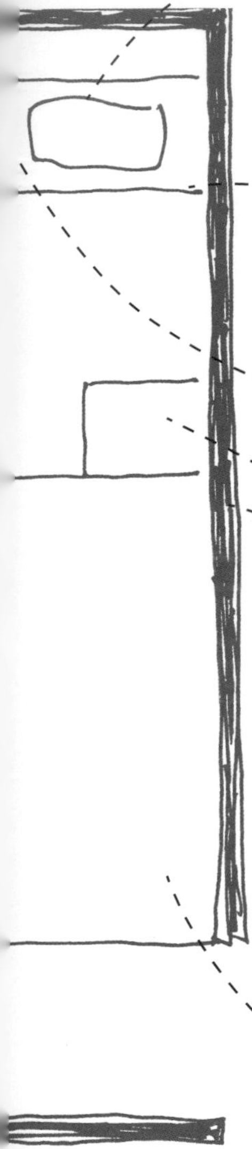

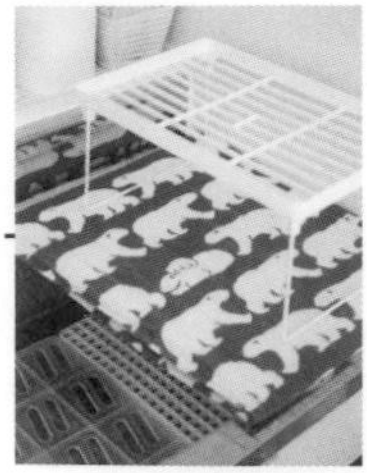

用層架和擦手巾做成的瀝水籃（P77）。上方則用伸縮棒來吊掛收納（P74）。

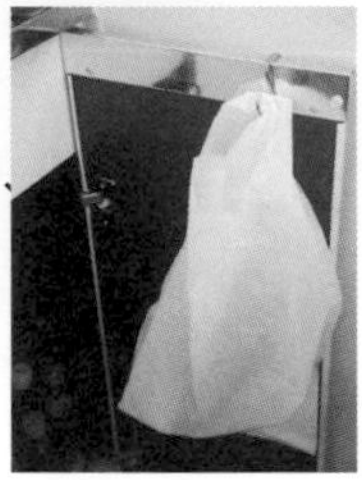

門上掛著裝廚餘的塑膠袋（P96）。

用砧板打造的作業檯面（P76）。

吧台上的玻璃杯（P71）。

「前邊桌」的收納抽屜（P81）。

「前辦公桌」打造的作業檯面（P81）。電話和微波爐就放在這個下方（P82）。

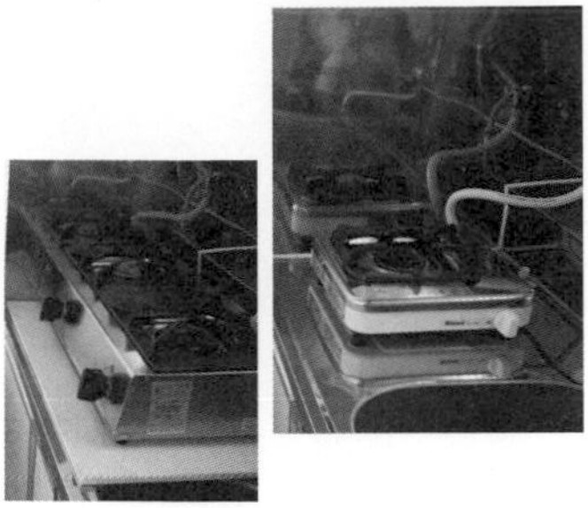

一直都是用單口爐，後來加裝底板就能有雙口爐（P73）。

洗手台上方排列使用頻率高的工具，也放其他雜物，廚房看起來就不會變得過於實用而沒溫度。下方是放油的地方（P93）。

窗台上擺著玻璃杯（P71）。

木板製成的餐具櫃（P68）。

家用雙門冰箱（P46）以及冰箱上的啤酒杯（P71）。

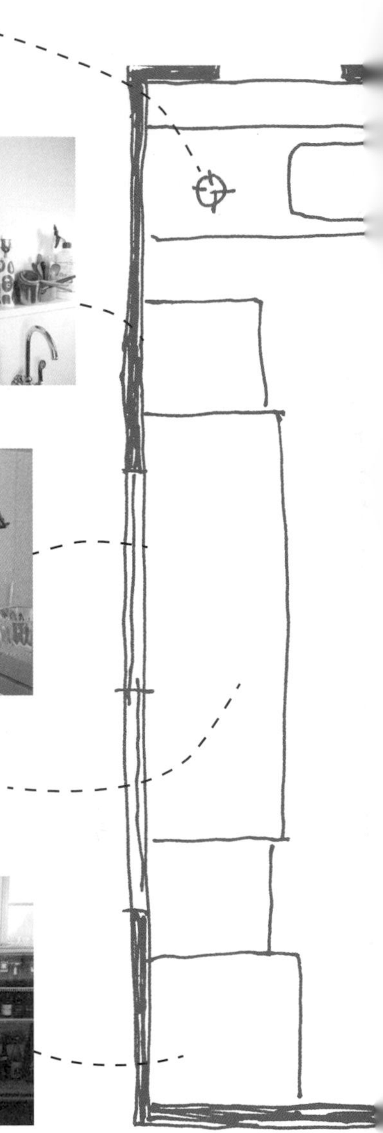

最深處是水槽和瓦斯爐，入口左右兩邊則是餐具櫃和作業檯面。正中央的通道寬度約48公分，是只容一個人通過的空間。

基本動線只能縱向移動，步幅寬一點的話大概兩步就能來回的距離，不會有多餘的動作。

留意「面一」

層架的深度與洗手台的深度對齊。

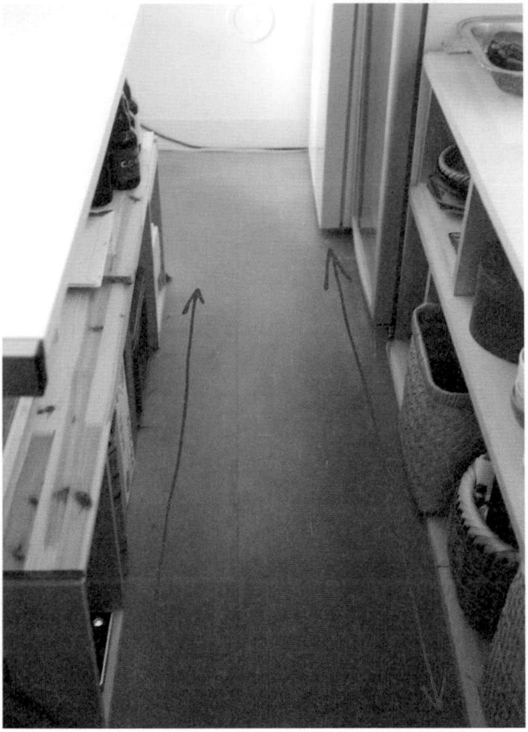

「面一」是建築專業用語，指沒有高低差的平面狀態。

放置在下方的物體，表面盡量也保持對齊，沒有凹凹凸凸，這樣會感覺清爽很多。

評估櫥櫃的尺寸時，可以從橫列的水槽、冰箱的深度來計算。

即使深度還有空間，對齊前方線來排放看起來比較整齊清爽。

固定線材

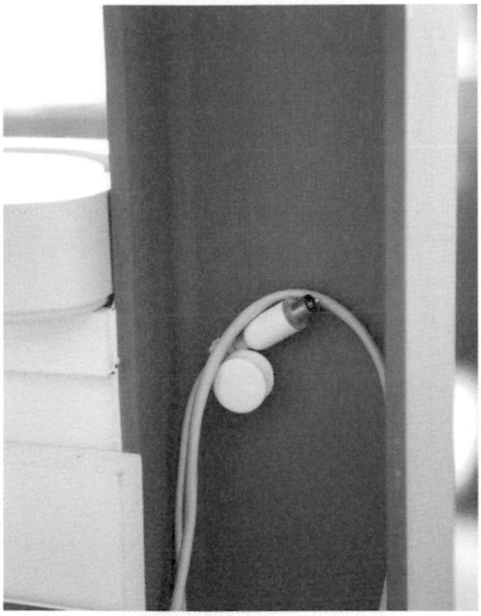

電腦類的電源線不使用時就掛在柱子上。疊放兩塊磁鐵，突顯厚度及加強吸力。

無印良品的壁掛式 CD 播放器，小巧不占空間，橫放也可以。

廚房裡滿是電器用品，如電鍋、電熱水壺、微波爐當然還有冰箱，仔細一看，到處都是電線。

為了不要造成視覺上的雜亂，可以讓電線穿過餐具櫃或作業檯面的後方，或是沿著水槽下方拉。

用雙面膠與線材固定器，沿著牆壁在幾個重要的地方將電源線固定住即可。

待洗碗盤積了這麼多也沒問題

乍看可能會覺得很大，但其實是一般家庭用的小水槽。

使用小器物還有個優點，就是在水槽裡堆了很多待洗碗盤，就像這樣！也還有很多空間，完全不成問題。

收回來馬上洗……，如果能這麼順暢當然好，但點單大量湧入時，不免還是得先出餐。面對得同時上好幾道菜時，就沒辦法先清洗碗盤了。

一旦碗盤占滿水槽，就會連增加菜色的力氣都沒有了。但使用小尺寸的器物，看起來還在忍受範圍內，忙完一段落再清洗也沒關係。

用濾茶網作排水濾網

清洗碗盤時通常不會有體積太大的垃圾，這種時候我就會在排水孔上放濾茶網。

濾茶網可以攔截到比茶葉細小的垃圾，加上又是軟質金屬材質，使用後只要翻過來，用手擠一下就能把裡頭堆積的垃圾清得乾淨。

排水孔較小，我平常不會蓋上蓋子。

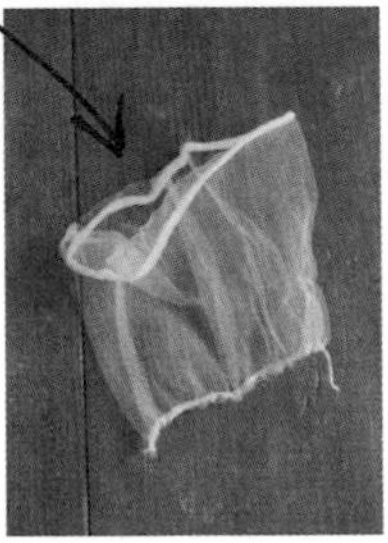

有較多廚餘時使用絲襪狀的網子套在濾茶網上更方便。

用三種棕刷來洗碗盤

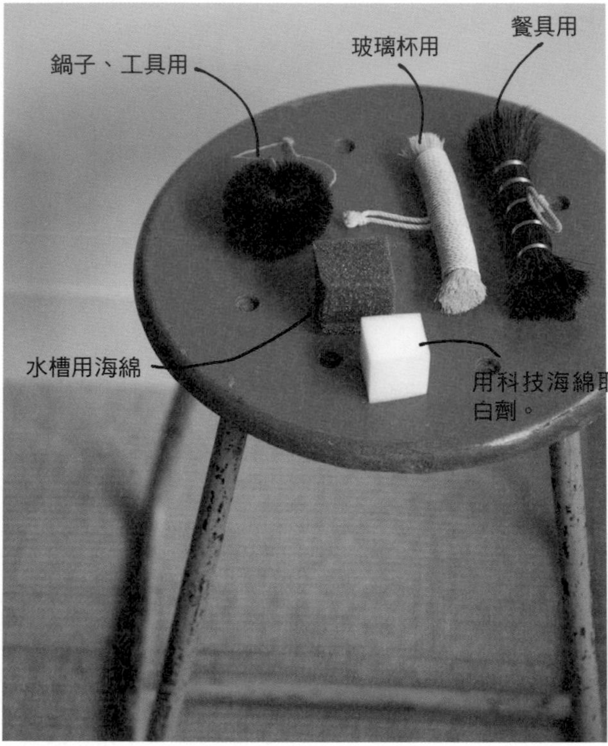
用科技海綿取代漂白劑。

可以放在掌心裡的大小。棕刷可以清洗鐵氟龍塗層的鍋具，也可用來刷洗蔬菜。

棕刷纖維細，不必擔心清洗時會刮傷餐具。而且如果油污不強，就算不用清潔劑也無妨。我平常會依照功能分別使用三種不同棕刷。

至於容易吸水的海綿，我只有在打掃水槽的時候才會用。

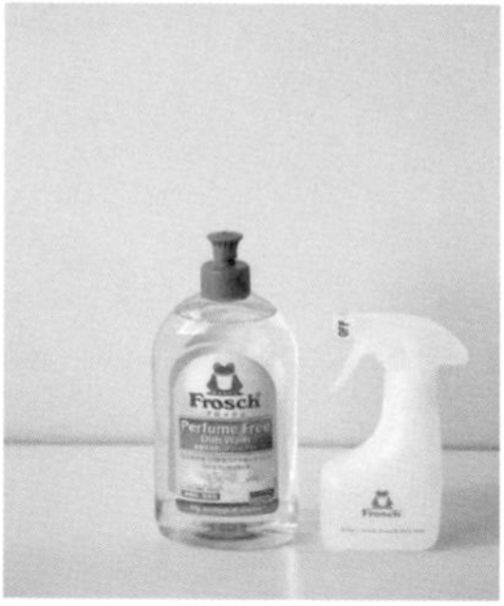

廚房用清潔劑我會 2 倍稀釋後裝進噴壺裡使用。只有污垢特別強的時候才用未稀釋的清潔劑。

Before-After

據說這裡原本是一間公司的倉庫，我將這個很普通的無隔間商用空間改裝之後，開了小餐酒館。

咖啡色窗框、藍色地毯，石膏天花板上裝設辦公室用的日光燈。

before

只有微型廚房的空間。

沒有隔間、沒有高低落差的一室。

after

水槽重新設計成雙槽，並加設洗手台。同時裝了換氣扇。

在廚房與客席之間隔出一道牆。加裝兩根鐵架遮住柱子與廁所。客席一側的地板是天然的麻材，廚房則鋪了塑膠地磚。

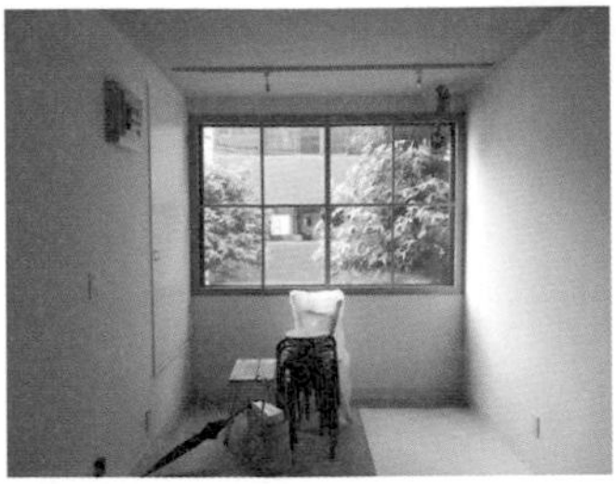

窗框上加了格子裝飾，連同大門，整牆塗上灰色油漆。天花板重整後裝上新的燈具。

照片提供＋施工／㈱Elps Corporation

油污是廚房的大敵，但只要有去油污專用的清潔劑，就能輕鬆退敵。

把清潔劑噴在廚房紙巾上，就成了去油污清潔紙巾。用這個來擦拭爐台、牆壁、垃圾桶，三兩下全都亮晶晶。

遇到頑劣油污時就直接噴上清潔劑，再覆蓋上廚房紙巾。靜置一會兒用紙巾擦拭，就能輕鬆去除油污。

若是可拆除的器具，隔水加熱（↓）是最理想的方式。

用去油污的清潔劑來打掃廚房

用去油污清潔劑也難去除的就是水漬，改用檸檬酸刷洗可以解決。

換氣扇或是微波爐的轉盤，這些可以全放進一只大型垃圾袋，先噴灑去油污的清潔劑，然後放進裝滿熱水的水槽裡以隔水加熱的方式處理，30 分鐘後就清潔溜溜。

後方放了竹炭（P94）去除異味。

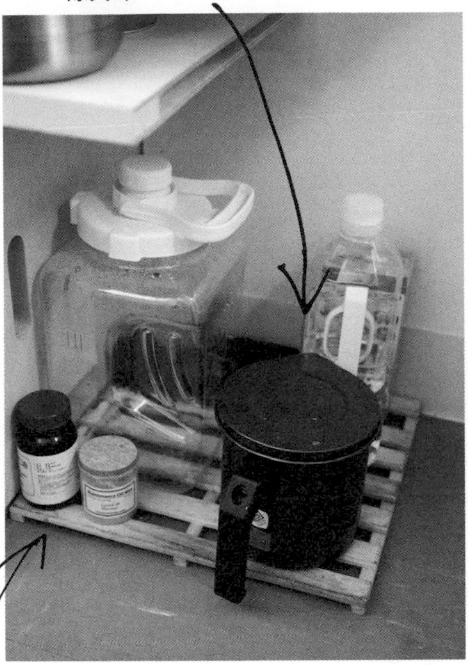

性質相同的其他油類、蠟都放在這裡。

小棧板放油瓶

平常會用到的油壺，或是裝油的油瓶，放在水槽下方的櫥櫃裡，是不是經常會連旁邊的東西也都弄得油膩膩的呢？

放在外頭比較好拿好用的東西，我就不會刻意收進櫃子。因此，我在地板上鋪了一塊小棧板，把油壺放在上面。雖然外露，但是藏在層架下方，就不會感覺雜亂。

因為下方還有一些空隙，還能達到通風效果，也不必擔心地板會弄得油膩膩的。

用竹炭除臭

花藝籃非常適合用來當作竹炭籃。裡頭還有一層塑膠墊，不怕竹炭把地板弄髒。

竹炭不只能除臭，還有除溼以及清淨空氣的功效。我會把竹炭放進小籃子，準備好幾份到處放。比方說，水槽下方的櫃子每個門邊都放一個。油壺附近也放一個、庫存籃裡也放一個等等。

用完廚房之後把一籃稍微大一點的竹炭籃放在屋子正中央，隔天會覺得連空氣都很清新。

用完廚房後把水槽下方的櫥櫃門全都敞開，讓溼氣散出。

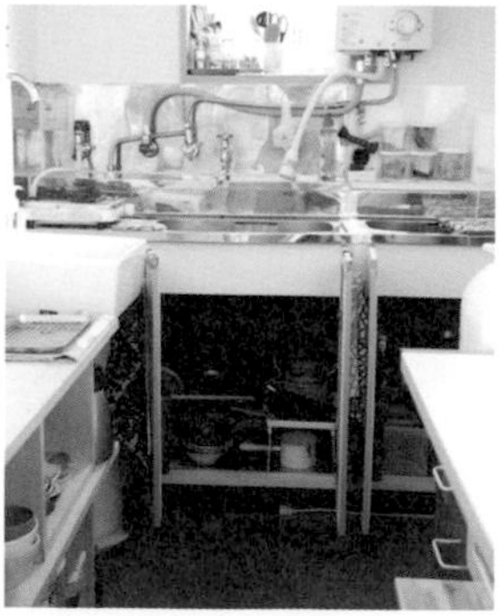

將把手和吸嘴的「翅膀」收起來的話，圓球外型直徑只有13公分。

無線迷你手提吸塵器，遇到粉類撒在地上時打掃很方便。

將擦手巾剪裁成小塊擦手布。浸泡在滴了幾滴薄荷油的水裡。

「Dover Pasteuriser 77」。無論是客席的餐桌，或是作業檯面，噴灑酒精之後用廚房紙巾擦拭即可。

隨時不忘殺菌

無論工作前、接觸到食物時，我都會拿一罐噴霧器朝雙手噴，裡頭裝的是綠茶萃取的食品用酒精。

由於是揮發性的，連氣味都不會殘留，可以安心使用。

店內主要使用的垃圾桶是「Brabantia」的12公升款。裡頭套的垃圾袋也挑選容量剛好的，套起來會比大尺寸的整齊好用。

用S字掛勾把塑膠袋吊在水槽門上。作業時這扇門會開著，不過因為位於死角（P83）不怕被看到。

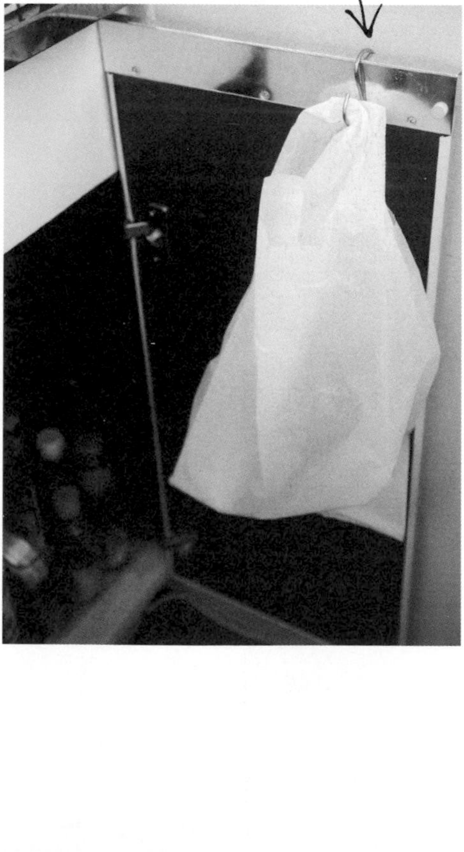

如何處理廚餘

由於店內的水槽小，裡頭放不下三角籃，因此像馬鈴薯皮之類比較大的廚餘，我都直接丟進掛在水槽門上的塑膠袋裡。

收工時再一起整理丟進大垃圾桶，統一在每週兩次的廚餘回收日倒掉。

第四章

在微型廚房裡做的小菜

推薦的小食材

這些食材可不只是可愛而已，可以省去切開的工夫，直接烹煮，還非常好吃。不用事先處理，有許多簡單的做法。

姬蘋果。砂糖 2 大匙、水 50ml、奶油、肉桂，放進鍋子裡，小火燉煮10分鐘，就能做出一道糖煮蘋果。

小馬鈴薯（P115）。不裹粉直接油炸，撒上起司粉就是一道極品！

高麗菜苗（P102）。加熱之後很快熟，方便烹調。

珍珠洋蔥。醋、水各 200ml、砂糖 60g、鹽、胡椒粒、月桂葉，一起加熱到沸騰。放涼之後就是西式醃菜。

小香菇。香菇的一種，是德島的天然品種。我會沾麵粉做成油炸料理。

小黃瓜。用冰水冰鎮之後，折成兩半直接吃。也可以沾蔬菜沾醬（P44）。

小茄子。整顆油炸之後放進溫熱的高湯醬汁裡，浸泡入味。吃的時候搭配紫蘇和蘘荷等佐料。

鵪鶉蛋。將煮熟的鵪鶉蛋放進加了酒、醬油各 100ml、八角 1 顆的醬汁中煮沸，放涼之後就成了有異國風味的滷蛋（P52）。

小番茄（P110）。用烤箱低溫烘烤至半乾，浸泡在橄欖油、鹽、香草的香料油之中。搭配麵包或義大利麵。

※ 本章食譜的量皆為 1 人份（或是方便製作的分量）。

微型廚房的用法
～以P52的下酒菜做法為例～

事先做的準備

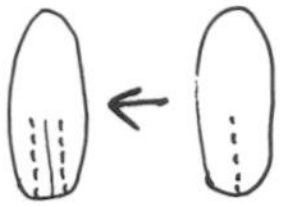

用小菜刀（→ P16）將小熱狗下方三分之一處從正中間劃一刀，然後左右兩側分別再劃三等分。

生香菇2朵，切成薄片。香菇柄也縱切成薄片。

放進食物保鮮袋冷凍（→ P50）。

START

① 用100ml的燒杯（→ P22）量好酒、醬油各100ml，外加一顆八角，全都放進牛奶鍋（→ P17）。

滷鵪鶉蛋的準備

② 加入水煮鵪鶉蛋，煮到沸騰。

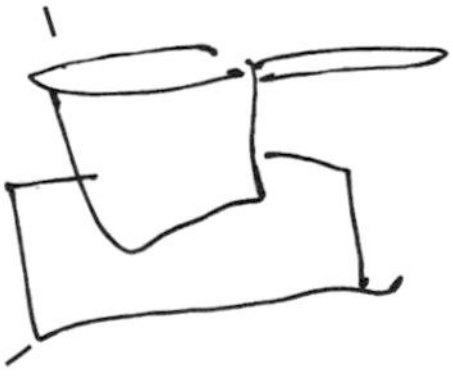

③關火之後把鍋子移到作業檯面上的厚絨布墊（→P76），靜置待入味。

沙拉的準備

④用味噌篩網（→ P24）清洗芝麻菜，下方用一只調理盆裝冰水冰鎮。

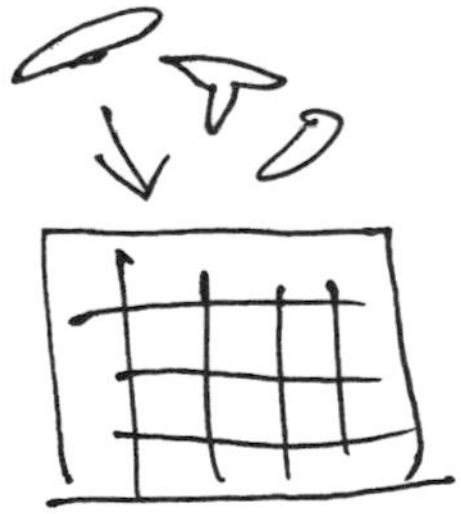

⑤將冷凍香菇片直接放在烤網（→ P25）上燒烤，烤好後連同烤網移開。

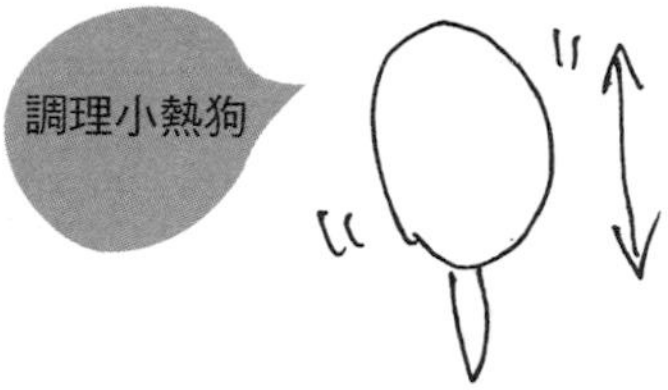

⑥ 用 16cm 的 平 底 鍋（→ P18）翻炒小熱狗。

⑦撒點鹽、胡椒（→ P40）調味。

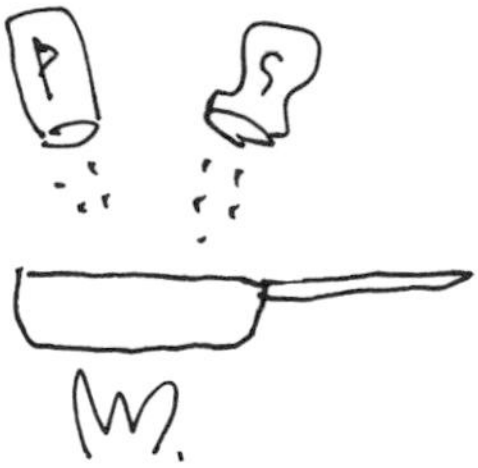

⑧用免洗筷（→ P20）夾起章魚小熱狗裝盤。

⑨ 滷 鵪 鶉 蛋 用 竹 湯 匙（→P23）撈起來放入器皿。

⑩在小盤子上鋪上芝麻葉再放烤香菇，用鹽、胡椒調味後，淋一點橄欖油（→ P41）。

⑪把器皿放到托盤上，下酒菜組合（→ P56）即完成！隨餐附上兒童筷（→ P56）和小片薄荷擦手布（→ P95）。

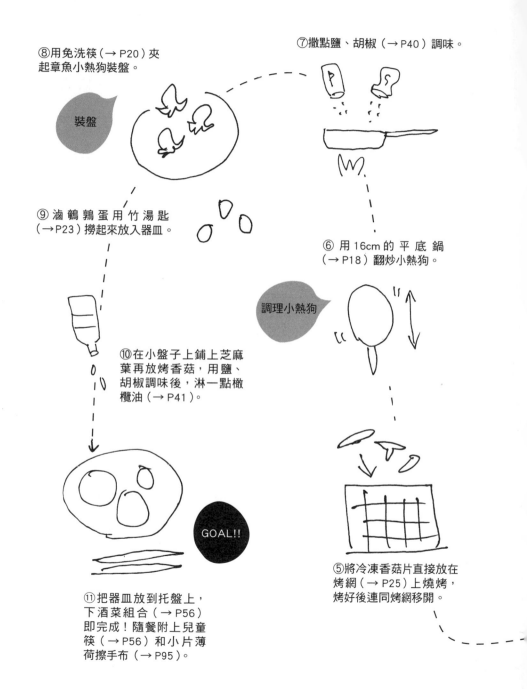

兩種葡萄白酒沙拉

迷你竹輪磯邊揚

兩種葡萄白酒沙拉

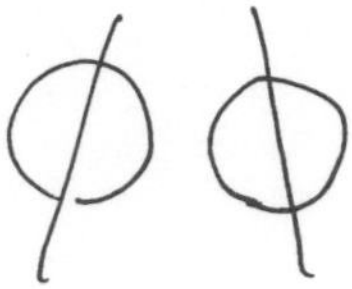

①將 3 顆紫葡萄和 2 顆白葡萄分別連皮切成兩半。

↓

②有籽的話先用竹籤挑掉。

↓

③在調理盆裡倒入白酒 1 大匙。

↓

④把葡萄加入③裡，撒點鹽與胡椒調味拌勻。

↓

⑤裝盤後再撒上少許肉豆蔻。

推薦使用麝香葡萄（綠）和巨蜂葡萄（紫）搭配。
※ 照片裡使用的是其他品種。

迷你竹輪磯邊揚

①調理盆內加入麵粉2大匙、水2大匙、海苔粉2小匙，用筷子攪拌均勻。

↓

②將5個迷你竹輪放進調理盆裡，平均沾上麵衣。

↓

③將油炸鍋設定為「高溫」油炸。等到迷你竹輪浮起來就表示完成。

↓

④沾著撒上七味粉的美乃滋一起吃。

單口大小的迷你竹輪。直接搭配山葵醬菜端上桌，也是一道下酒菜。
◎迷你竹輪／ Yamasa 竹輪

巴薩米克醋燒小番茄

豆腐泥拌柿子

巴薩米克醋燒小番茄

①將小番茄4～5顆放進Staub鍋裡，淋上1小匙橄欖油。

↓

②不加鍋蓋，燒烤到小番茄微焦。

↓

③撒少許鹽、胡椒，淋1大匙巴薩米克醋後蓋上鍋蓋。

↓

④以中火悶蒸2～3分鐘。

用葡萄酒或葡萄汁釀造的巴薩米克醋。可以直接淋在沙拉上，但稍微加熱更添風味。
◎Mazzetti Aceto Balsamico／三菱食品

豆腐泥拌柿子

①豆腐半塊放入耐熱容器中，用微波爐加熱 1 分鐘。

↓

②豆腐放進篩網裡，靜置瀝掉水分。

↓

③調理盆中加入砂糖1大匙、醬油1小匙、鹽少許、香磨芝麻 ½ 大匙。

↓

④加入②的豆腐，一邊將豆腐壓碎，一邊和調味料拌勻。

↓

⑤加入切成單口大小的柿子。

↓

⑥裝盤後撒點埃及鹽。

用小茴香、杏仁、開心果等調製的埃及鹽。帶有異國風情的味道外加特殊口感。
◎埃及鹽／ S/S/A/W

炙燒蘋果乾

馬鈴薯塊烤鯷魚

炙燒蘋果乾

①蘋果乾5顆各對半切開。

↓

②蘋果乾放在烤網上，炙燒一下到表面微焦。

↓

③裝盤後依照喜好撒一點肉桂粉。這道下酒菜吃起來會有點像蘋果派之類的甜點。

使用日本產的「富士」品種蘋果製成，酸味、甜味都不會太刺激。其他像是芒果之類的果乾炙燒後也很好吃。
◎蘋果乾／Delta International

馬鈴薯塊烤鯷魚

①廚房紙巾上沾少量油，在迷你鑄鐵鍋內側均勻抹上薄薄一層。

↓

②把 3 顆對半切開的小馬鈴薯、剝散的鯷魚 1 尾、小熱狗 1 根放進鍋子裡，再撒少許鹽。

↓

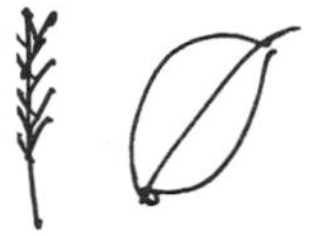

③加入水 1 大匙、月桂葉 1 片、迷迭香 1 根。

↓

④蓋上鍋蓋後用中火加熱 10 分鐘。

↓

⑤關火後繼續悶蒸 5 分鐘。

↓

⑥打開鍋蓋後撒點鹽、胡椒、起司粉。

月桂葉選用乾燥的收在密封罐裡，迷迭香則是新鮮的直接放進冷凍庫保存。使用時不須事先解凍。

迷你炸火腿

鮭魚柴魚片飯糰
石蓴味噌湯

迷你炸火腿

①將厚1cm、直徑8cm左右的火腿排切成四等分。

↓

②在調理盆裡打入1顆蛋，再加入麵粉2大匙，攪拌均勻。

↓

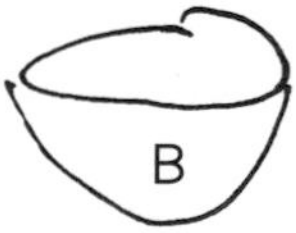

③拿另一只調理盆加入麵包粉40 g、香料粉1小匙、鹽1小匙拌勻。

↓

④將①依照②蛋液→③綜合麵包粉的順序沾滿裹上。

↓

⑤放進油炸鍋裡油炸。

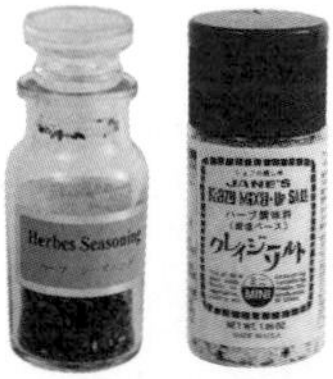

覺得味道不太夠時非常好用的綜合香料粉。「Krazy Salt」這款含岩鹽，也可以當胡椒、鹽使用。
◎（左）Herb Seasoning／朝岡香料、（右）Krazy Salt／日本綠茶中心

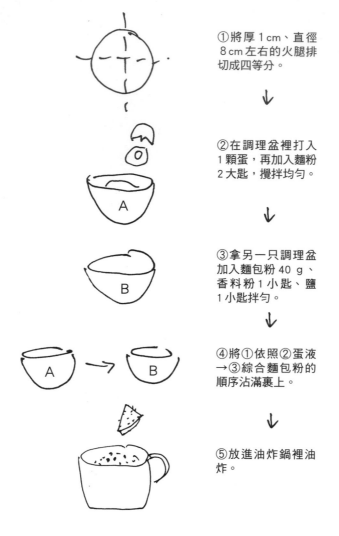

鮭魚柴魚片飯糰＋石蓴味噌湯

①在150ml的熱水中放入1人份的高湯包，沸騰經過2～3分鐘後，把高湯包撈起來。

↓

②將味噌2小匙用竹製濾茶網過濾後加入熱湯中。

↓

③把1大匙石蓴加入湯碗裡，從上方注入②的味噌湯。

↓

④抓一把鮭魚柴魚片到調理盆裡，加入醬油1大匙拌勻。

↓

⑤將剛煮好的白飯150g捏成飯糰，將④的柴魚片包在正中央。

↓

⑥用2片切成四等分的海苔將飯糰包起來。其他露出白飯的地方再用剪成小塊的海苔貼起來，讓整顆飯糰都呈黑色。

石蓴的定義好像每個地方都不太一樣，但我平常用的是來自三重或高知地區的「一重草」。
◎四萬十川的石蓴海苔／加用物產

葡萄乾奶油

葡萄乾奶油

①將葡萄乾浸泡在等量的蘭姆酒裡，製成蘭姆葡萄。

↓

②鮮奶油用食物處理機攪拌。
※若上蓋有液體注入口，用手指頭擋住再攪拌，就不用擔心液體飛濺出來。

↓

③攪拌過程中要是出水就倒掉，然後繼續攪拌……重複這個步驟直到自己喜愛的硬度，也就是變成奶油狀。

↓

④加入適量瀝乾水分的蘭姆葡萄，繼續攪拌。

↓

⑤吃的時候搭配裸麥蘇打餅乾。

製作奶油，使用的是動物性、無添加且乳脂肪成分超過45%的鮮奶油。
◎中澤鮮奶油 45% ／中澤食品

國家圖書館出版品預行編目資料

微型廚房的理想生活/柳本 茜 作；葉韋利 譯
－初版. -- 新北市：木馬文化事業股份有限公司出版：
遠足文化事業股份有限公司發行，2020.2
128面；14.8×21公分--
譯自：「茜夜」のシンプルに暮らす、小さなキッチン
ISBN978-986-359-855-8（平裝）

1.家庭佈置 2.空間設計 3.廚房

422.51　　109020719

微型廚房的理想生活

善用動線、收納、選品，小空間也能有舒適的料理時光

「茜夜」のシンプルに暮らす、小さなキッチン

撰文、平面設計、插畫／柳本 茜
攝影／一之瀨ちひろ（封面、P2-3、P11、P14-15、P39、P52-53、P67、P99、P102-103、P106-107、P110-111、P114-115、P118-119、P122、P127）
攝影／白井由香里（內文）
譯者／葉韋利
社長／陳蕙慧
副總編輯／戴偉傑
封面設計／倪龐德
內頁排版／賴譽夫
責任編輯／王淑儀

讀書共和國出版集團社長／郭重興
發行人兼出版總監／曾大福
出版／木馬文化事業股份有限公司
發行／遠足文化事業股份有限公司
地址／231 新北市新店區民權路 108-4 號 8 樓
電話／(02)2218-1417 傳真／(02)8667-1891
Email：service@bookrep.com.tw
郵撥帳號／19588272 木馬文化事業股份有限公司
客服專線／0800221029
法律顧問／華洋國際專利商標事務所 蘇文生律師
印刷／前進彩藝股份有限公司
初版一刷：2021 年 2 月
定價：320 元
ISBN：978-986-359-855-8

結語

不太精通廚藝的我，現在竟然成了一個在店裡供應餐點的人。雖然還不成熟，屢屢失敗，也常遭顧客笑話，但每天走進廚房還是覺得開心得不得了。

「用這些迷你的工具能做些什麼？」發問的人像在開玩笑，但我本人是再認真不過。這可都是我主要的廚房用具。

凡事都要試了才知道。先到百圓商店逛逛，從找一只小平底鍋開始。或許，你會發現下廚時稍微變得不一樣了。

繼前一本著作之後，再次大力協助我的編輯星野與稻葉兩位，還有對於光線操控自如的白井小姐為本書內文拍攝美麗的照片，以及一之瀨小姐為章名頁拍攝的照片，把尋常的寒冬冷冽天空拍得像是在巴黎公寓望出去的風景。

等到春季來臨，大家再來吃著章魚小熱狗一起乾杯吧，謝謝各位。

２０１４年　大寒之日。

柳本茜

柳本茜

日本茶「茜屋」

茶酒吧「茜夜」店主

平面設計師／二級建築士／日本茶講師／唎酒師

１９６８年出生於日本靜岡縣濱松市。以書封設計為主的平面設計師，同時也是建築師，並身兼東京・神樂坂的日本茶「茜屋」與飯田橋酒吧「茜夜」的店主，供應美味的日本茶與好酒。以打造「僅容一個人也能感到舒適的空間」而走紅。著有《如何泡出最好喝的日本茶》（いちばんおいしい日本茶のいれかた，朝日新聞出版社）、《神樂坂「茜屋」的生活小天地》（神楽坂「茜や」の小さな暮らし，河出書房新社）。

日本茶「茜屋」／茶與酒「茜夜」

http://www.akane-ya.net/